Die Bibliothek der Technik
Band 325

Energieeffiziente Antriebs- und Steuerungstechnik

Intelligente Maschinen- und Anlagenkonzepte für die Fertigung

Christian Fahrbach, Klaus Frank, Steffen Haack, Eberhard Schemm, Wiebke Wittschen

verlag moderne industrie

Dieses Buch wurde mit fachlicher Unterstützung der Bosch Rexroth Electric Drives and Controls GmbH erarbeitet.

© 2010 Alle Rechte bei
Süddeutscher Verlag onpact GmbH, 81677 München
www.sv-onpact.de
Abbildungen: Nr. 4 VEM-Gruppe, Deutschland; Nr. 20, 22 Schuler AG, Göppingen; Nr. 32 Durmazlar, Türkei; Nr. 34 Dr. Boy GmbH & Co. KG, Neustadt-Fernthal; alle übrigen Bosch Rexroth AG, Lohr am Main
Satz: abavo GmbH, 86807 Buchloe
Druck und Bindung: Sellier Druck GmbH, 85354 Freising
Printed in Germany 236000
ISBN 978-3-86236-000-0

Inhalt

Energieeffizienz als Wettbewerbsfaktor

Weltweit haben Regierungen, Unternehmen und Verbraucher die Notwendigkeit erkannt, Energie sparsamer und bewusster als bisher einzusetzen. Die Diskussion über den zivilisationsbedingten Beitrag zum Klimawandel durch den Ausstoß von Treibhausgasen hat in nahezu allen Industriestaaten zu gesetzlichen Regelungen geführt, die dieses Ziel unterstützen. Energieeffizienz ist somit das Gebot unserer Zeit.

Nutzen der Energieeffizienz

Für die Industrie wird Energieeffizienz zunehmend zu einem entscheidenden Wettbewerbsfaktor. Je höher die Energiepreise steigen, desto stärker wirken sie sich auf die im Rahmen der Total Cost of Ownership (TCO) ermittelten Gesamtkosten für eine Maschine oder Anlage aus. Bei einer Werkzeugmaschine beispielsweise schlägt der Energieverbrauch mit rund 20 Prozent der laufenden Kosten zu Buche. Ein geringerer Energiebedarf bei gleicher Produktivität, also eine höhere Energieeffizienz, senkt die Stückkosten nachhaltig. Über die gesamte Lebensdauer der Maschine können die Einsparungen durch den niedrigeren Energieverbrauch im Vergleich zu einer energetisch nicht optimierten Maschine mehrere zehntausend Euro erreichen. Über die reine Kostensenkung hinaus trägt eine höhere Energieeffizienz aber auch dazu bei, die Kohlendioxidemissionen zu reduzieren – ein Anliegen, das weltweit bei produzierenden Unternehmen immer stärkere Bedeutung erlangt. Seit Jahren analysieren und entwickeln deshalb Unternehmen aus unterschiedlichsten Branchen technische Lösungen, die helfen sparsamer mit der Ressource Energie umzugehen.

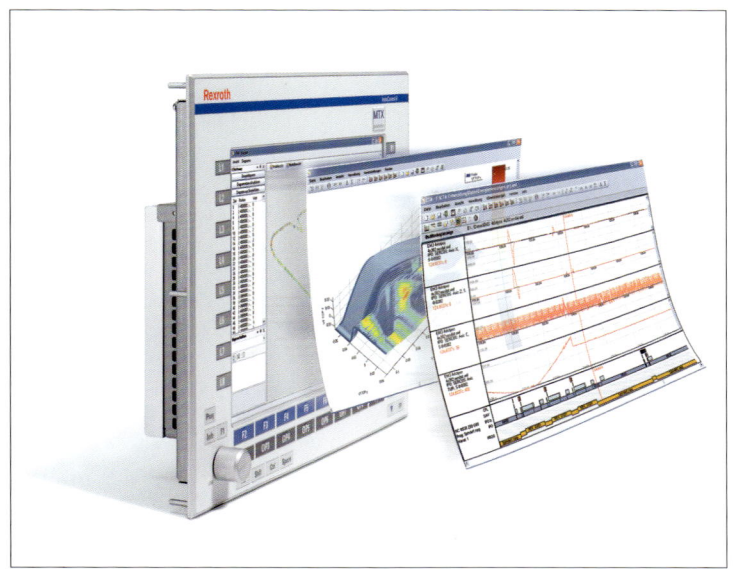

Intelligente Maschinenkonzepte nutzen eine Vielzahl von Methoden, um mit geringerem Energieverbrauch die gewohnte Produktivität zu erreichen. Moderne Steuerungen (CNC) verfügen über integrierte Analysewerkzeuge, um möglichst kurze Bearbeitungszeiten und einen niedrigen Energieverbrauch miteinander zu verbinden (Abb. 1). Diese Softwaretools analysieren online jede Bewegung und jeden Prozessschritt der Maschine. Die Daten aus der Taktzeit- und Energieeffizienzanalyse bilden dann die Basis für eine optimierte Bewegungsführung. Ergänzt durch innovative Antriebssysteme, die unter anderem ungenutzte Bremsenergie in das Netz zurückspeisen oder zwischenspeichern, entstehen Automationslösungen, die in punkto Betriebskosten erhebliche Einsparungen erzielen.

Intelligente Steuerungstechnik kombiniert mit durchdachter Systemoptimierung ermöglicht

Abb. 1:
In moderne Steuerungen integrierte Analysewerkzeuge

Intelligente Konzepte

es heute also, den Gesamtenergieverbrauch systematisch und nachhaltig zu senken. Vor allem Maschinen und Anlagen im industriellen (Dauer-)Einsatz bergen große Potenziale zur Effizienzsteigerung.

Gestaltungs-möglichkeiten Dieses Buch beleuchtet die Potenziale, die im Einsatz intelligenter und energieeffizienter Steuerungs- und Antriebstechnik liegen. Es zeigt auf, dass durch den Einsatz energieeffizienter Komponenten, wie im Wirkungsgrad verbesserter Pumpen und Motoren oder drehzahlgeregelter Pumpenantriebe, bereits Energieverbrauchssenkungen im zweistelligen Prozentbereich erreicht werden können. Weitaus größere Gewinne lassen sich erzielen, wenn das Gesamtsystem optimiert wird. Verbindet man energieeffiziente Basiskomponenten so miteinander, dass sich ein möglichst direkter Energiefluss ergibt, wird Energie bedarfsorientiert gewandelt, das heißt in der richtigen Menge zum geforderten Zeitpunkt. Das vorliegende Buch geht auch auf die Frage ein, wie diese Gestaltungsmöglichkeiten in den einzelnen Phasen des Maschinenlebenszyklus gewinnbringend einzusetzen sind.

Ansätze zur Steigerung der Energieeffizienz

Maschinen und Anlagen in der Fertigung bergen hohes Energieeinsparpotenzial. Bisher stellte die Produktivität das zentrale Entwicklungsziel dar. Weil der Energieverbrauch nur einen geringen Teil der Gesamtkosten für die Anschaffung und Nutzung (TCO) ausmachte, wurde die Energieeffizienz häufig als nachrangig erachtet. Die in jüngster Zeit stark gestiegenen Energiepreise und das gewachsene Bewusstsein für unternehmerische Verantwortung haben das Bestreben erhöht, die Entwicklungsziele Produktivität und Energieeffizienz zu verknüpfen. Entscheidende Ansatzpunkte zur Energieeinsparung bietet das durchgängige Zusammenspiel aller Maschinen- oder Anlagenkomponenten. Dazu zählen die gesamte elektrische Antriebstechnik, die Hydraulik- und Pneumatikkomponenten und die Steuerungstechnik.

Stellhebel zur Energieeinsparung

Unabhängig von der Art der Maschine oder Anlage lassen sich vier Stellhebel zur Steigerung der Energieeffizienz ausmachen (Abb. 2):

- energieeffiziente Komponenten – Efficient Components
- Rückspeisung und Zwischenspeicherung von Bremsenergie – Energy Recovery
- bedarfsgerechter Energieeinsatz – Energy on Demand
- Energiesystemdesign – Energy System Design.

Vier Stellhebel

Abb. 2:
Vier Stellhebel
zur Steigerung der
Energieeffizienz

**Efficient
Components**

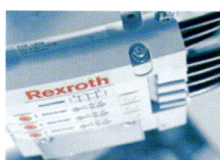

Produkte und
Systeme mit
optimiertem
Wirkungsgrad

**Energy
Recovery**

Rückspeisung
und Speicherung
überschüssiger
Energie

Efficient Components

**Geeignete
Komponenten**

Energieeffiziente Komponenten bilden die Basis aller Betrachtungen zur Energieeffizienz einer Maschine oder Anlage. Der Einsatz energieeffizienter Antriebstechnik mit optimiertem Wirkungsgrad stellt deshalb die erste Maßnahme dar, um Maschinen und Anlagen energieeffizient zu gestalten. Permanenterregte Synchronmotoren für den industriellen Einsatz verfügen über einen sehr hohen Wirkungsgrad von rund 97 Prozent. Auch Axialkolbenpumpen der neuesten Generation erreichen hohe Wirkungsgrade von mehr als 93 Prozent.

Energy Recovery

**Generatorischer
Betrieb von
Elektromotoren**

Mit der Rückspeisung und Zwischenspeicherung von Bremsenergie, wie sie mit dem Einsatz rückspeisender Versorgungsgeräte möglich ist, nutzen Konstrukteure ein zusätzliches Energieeinsparpotenzial. Jede Achsbeschleunigung an einer Fertigungsmaschine erfordert zeitversetzt ein entsprechendes Abbremsen. Durch intelligente Umschaltung von elektrischen Antrieben in den generatorischen Betrieb lässt sich die bislang ungenutzte Verzögerungsenergie in elektrische Energie umwandeln und anderen Antrieben der Maschine oder

**Energy
on Demand**

Bedarfsgesteuerter
Energieeinsatz,
Stand-by-Modus

**Energy
System Design**

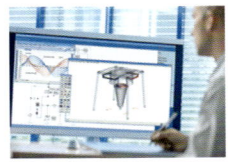

Systemische
Gesamtbetrachtung,
Projektierung,
Simulation

Anlage bedarfsgerecht zur Verfügung stellen.
Je nach Zweckmäßigkeit versorgt die gewon-
nene Energie entweder über einen gemeinsamen Zwischenkreis andere elektrische Antriebe oder sie wird in einem Puffer zwischengespeichert oder in das Versorgungsnetz zu-
rückgespeist. Bei Hydraulikantrieben kommen
so genannte Hydrospeicher zum Einsatz, um
ungenutzte Energie aufzunehmen und wieder
bereitzustellen.

Hydrospeicher

Energy on Demand
Das Potenzial des bedarfsgerechten Energieeinsatzes wird oft unterschätzt. Durch intelligente Steuerung des Bewegungsablaufs und
der Haupt- und Nebenprozesse ist es jedoch
möglich, die Energie nur im Bedarfsfall bereitzustellen und somit weitere Einsparungen zu
erzielen.
Die Bedarfsregelung von Antrieben ermöglicht
gerade bei der Energiewandlung, wie beispielsweise der Erzeugung von hydraulischem Druck
und Volumenstrom durch elektrisch angetrie-
bene Pumpen, besonders hohe Einsparungen.
Neuartige drehzahlvariable Pumpenantriebe
steuern den Volumenstrom gezielt über einen
intelligenten elektronischen Regler und ersetzen

**Drehzahl-
variable
Pumpenantriebe**

damit die Drosselung über Ventile. Je nach dem Profil des Arbeitszyklus arbeitet diese Lösung um 40 bis 70 Prozent effizienter als nicht geregelte Aggregate.

Energy System Design

Taktzeit- und Energieanalyse

Um das Energiesystem zu optimieren, ist eine Gesamtbetrachtung unabdingbar, angefangen bei der optimalen Antriebsauslegung in der Konzeptionsphase durch einfache Projektierungswerkzeuge bis hin zur Optimierung des Bewegungsablaufs durch Simulation. Ziel ist eine aufgabengerechte Auslegung aller Maschinen- oder Anlagenkomponenten mit der durchdachten Nutzung von Bedarfsregelungen und Energierückgewinnung. Mit einem in die CNC-Steuerung integrierten Programm zur Taktzeit- und Energieanalyse lässt sich die Energieeffizienz auch während des Betriebs von Werkzeugmaschinen im Gleichschritt mit der Produktivität erhöhen. Ein derartiges Programm eröffnet den Zugang zu den Daten aller Teilsysteme und bietet die Möglichkeit, diese Daten kontinuierlich zu überwachen. Mit dieser Software können Anwender sämtliche Teilprozesse gezielt optimieren und parallelisieren. Mit der Energieanalyse ist es möglich, den Verbrauch der einzelnen Komponenten aufzuzeichnen und ihre Ansteuerung zu untersuchen. Grafische Darstellungen helfen bei der Optimierung des Gleichgewichts von Energiebedarf und Produktionsleistung.

Methodik für alle Phasen des Maschinenlebenszyklus

Vier Stellhebel, eine Methodik

In ihrer Gesamtheit stellen die vier genannten Stellhebel eine grundlegende Methodik dar, mit der sich signifikante Energieeinsparungen realisieren lassen. Diese Methodik kann wäh-

rend des gesamten Maschinenlebenszyklus angewendet werden, also typischerweise von der
Konzept-, Konstruktions- und Engineering-
phase über die Inbetriebnahmephase mit an-
schließender Übernahme in die Produktion bis
hin zu einer nach einer bestimmten Maschi-
nenlaufzeit eventuell anstehenden Modernisierung.

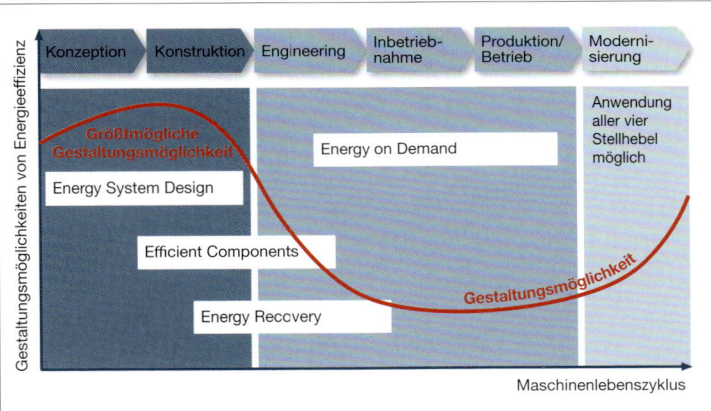

Je nach Gestaltungsmöglichkeit können die
Stellhebel in den einzelnen Phasen des Maschinenlebenszyklus mit unterschiedlicher
Wirkung angewendet werden (Abb. 3). So ent-
falten die Stellhebel Efficient Components und
Energy System Design in der Konzept- und
Konstruktionsphase ihre größtmögliche Wirkung, während die Stellhebel Energy on Demand und Energy Recovery typischerweise in
der Engineering- und Inbetriebnahmephase
zum Einsatz kommen. Bei einer Modernisierung der Maschine oder Anlage können alle
vier Stellhebel zur Optimierung der Energieeffizienz angewendet werden.

Abb. 3:
Anwendung der
vier Stellhebel in den
einzelnen Phasen des
Maschinenlebens-
zyklus

Elektrische Antriebstechnik

Elektromotoren

Zentraler Bestandteil der elektrischen Antriebstechnik ist der Elektromotor. Elektromotoren wandeln elektrische Energie in mechanische Energie um. Grundsätzlich sind Elektromotoren in der Lage, die Energiewandlung auch in umgekehrter Richtung auszuführen. Man spricht dann vom generatorischen Betrieb eines Elektromotors.

Es gibt eine Vielzahl von Bauarten des Drehstrommotors, die entsprechend ihrer Eigenschaften in unterschiedlichen Anwendungen zum Einsatz kommen. In der Automatisie-

Abb. 4:
Aufbau eines Asyn-chron-Normmotors

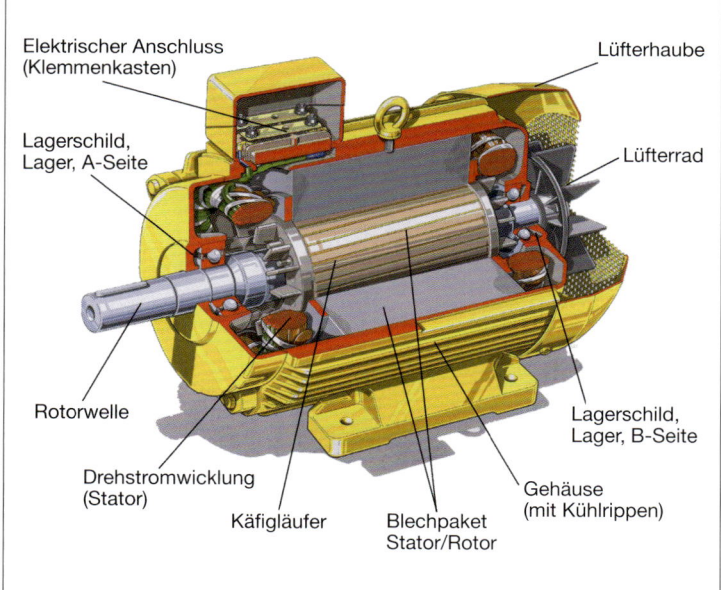

Elektrischer Anschluss
(Klemmenkasten)

Lüfterhaube

Lagerschild,
Lager, A-Seite

Lüfterrad

Rotorwelle

Lagerschild,
Lager, B-Seite

Drehstromwicklung
(Stator)

Gehäuse
(mit Kühlrippen)

Käfigläufer

Blechpaket
Stator/Rotor

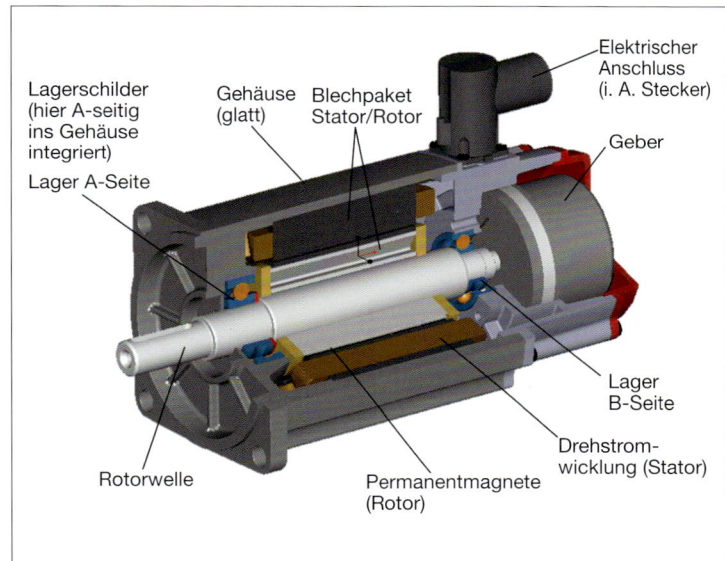

Lagerschilder
(hier A-seitig
ins Gehäuse
integriert)

Lager A-Seite

Gehäuse
(glatt)

Blechpaket
Stator/Rotor

Elektrischer
Anschluss
(i. A. Stecker)

Geber

Lager
B-Seite

Drehstrom-
wicklung (Stator)

Rotorwelle

Permanentmagnete
(Rotor)

rungstechnik haben der Asynchron-Käfigläu-
fermotor und der permanenterregte Synchron-
motor den größten Verbreitungsgrad. In Abbildung 4 ist der interne Aufbau eines Asynchron-
Käfigläufermotors am Beispiel eines Norm-
motors dargestellt. Wesentliches und namen-
gebendes Merkmal dieses Motorprinzips ist
die Ausführung des Rotors als Käfigläufer.
Permanenterregte Synchronmotoren werden in
der Industrieautomation als Servomotoren eingesetzt. Den typischen Aufbau eines solchen
Motors zeigt Abbildung 5.

Abb. 5:
Aufbau eines
Synchronmotors
(Servomotor)

Direkter Betrieb von Drehstrommotoren
am Versorgungsnetz

In sehr vielen Anwendungsfällen werden
Asynchronmotoren direkt am Versorgungsnetz
betrieben. Das bedeutet, dass sich zwischen
dem Versorgungsnetz und dem Motor im Prin-
zip nur noch ein Schaltelement zum Ein- und

Ausschalten des Elektromotors befindet. Die Drehzahl des Asynchronmotors wird wesentlich von der Frequenz des Versorgungsnetzes und von der Polpaarzahl des Motors bestimmt. Da diese beiden Größen praktisch konstant sind, dreht auch der Asynchronmotor mit konstanter Drehzahl. In geringem Maße hängt die Drehzahl des Motors auch noch von der Motorlast ab.

Motorbetrieb mit konstanter Drehzahl

Wenn der Maschinenprozess eine konstante Drehzahl verlangt und die Asynchronmotoren überwiegend unter Volllast betrieben werden, ist der direkte Betrieb am Versorgungsnetz durchaus sinnvoll – auch im Hinblick auf die Energieeffizienz. Speziell für solche Anwendungen wurden in den vergangenen Jahren hocheffiziente Asynchron-Normmotoren in den Markt eingeführt. Der Betrieb von Elektromotoren über Umrichter birgt allerdings größere Energieeinsparpotenziale als der direkte Netzbetrieb derartiger Motoren. Deshalb wird im Folgenden nicht näher auf Normmotoren eingegangen.

Umrichterbetrieb von Elektromotoren

Die Drehzahl von Drehstrom-Synchronmotoren und -Asynchronmotoren ist annähernd proportional zur Frequenz der angelegten Spannung. Um direkt am Drehstromnetz betriebene Motoren in der Drehzahl verstellen zu können, müsste demnach die Netzfrequenz verstellt werden. Weil das aber praktisch nicht möglich ist, löst man das Problem der Drehzahländerung von Drehstrommotoren durch Antriebsumrichter.

Motorbetrieb mit variabler Drehzahl

In der elektrischen Antriebstechnik werden seit langem Einrichtungen zur Änderung der Drehzahl oder des Drehmoments von Elektromotoren eingesetzt. Die Beweggründe lagen in der Vergangenheit in den meisten Fällen in den technologischen Anforderungen der jeweiligen

Anwendungen. Im Zuge steigender Energiepreise und dem damit verbundenen Trend zur
Einsparung von Energie wird der Einsatz dreh-
zahlveränderlicher Antriebstechnik zunehmend
auch in Anwendungen interessant, die techno-
logisch mit einem direkt am Versorgungsnetz
betriebenen Motor umsetzbar wären. So wird
beispielsweise häufig Energie dadurch ver-
schwendet, dass Pumpen mit konstanter Drehzahl betrieben werden und unterschiedlicher
Fördermittelbedarf durch Bypass- oder Dros-
selventile eingestellt wird. Eine Drehzahlverstellung des Motors im Teillastbetrieb bietet in
solchen und ähnlichen Fällen erhebliche Energieeinsparpotenziale und wirkt sich darüber
hinaus auch lebensdauerverlängernd auf Motoren, Pumpen oder Lüfter aus.

Antriebsumrichter

Antriebsumrichter sind leistungselektronische
Geräte, die zwischen das Versorgungsnetz und
den Elektromotor geschaltet werden. Diese
Geräte sind so gestaltet, dass dem Elektromotor anstelle einer Netzspannung konstanter
Frequenz eine Spannung variabler Frequenz
zugeführt werden kann (Abb. 6). Der Motor
reagiert entsprechend mit einer annähernd fre-
quenzproportionalen Drehzahl.

Abb. 6:
Prinzipieller Aufbau
eines Antriebs-
umrichters

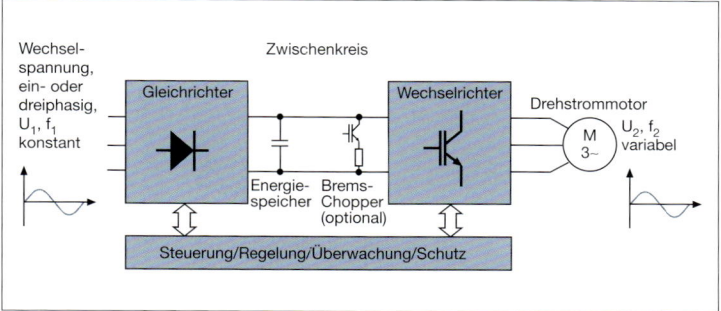

Antriebsumrichter bieten die Möglichkeit, die Drehzahl eines Elektromotors zu beeinflussen und dennoch einen insgesamt hohen Wirkungsgrad zu erzielen. Sie verfügen über einen Gleichrichter, der die ein- oder dreiphasige Netzspannung in eine Gleichspannung umformt. Im so genannten Gleichspannungszwischenkreis ist ein Kondensator angeordnet, der zur Zwischenspeicherung (Pufferung) von elektrischer Energie genutzt wird. Ein mit einem Schalttransistor verbundener Bremswiderstand wandelt bei Bedarf im generatorischen Betrieb des Elektromotors Zwischenkreisenergie in Wärme um.

Aus der Zwischenkreisspannung wird über den Motorwechselrichter ein Drehspannungssystem mit variabler Frequenz und Amplitude erzeugt. Mit dieser Wechselspannung können das Drehmoment und die Drehzahl des am Wechselrichter angeschlossenen Elektromotors verändert werden. Gesteuert, geregelt und überwacht wird das ganze System durch einen Mikroprozessor.

Auf die Grundfunktion des Frequenzumrichters, eine vom Versorgungsnetz unabhängige Drehfrequenz für den angeschlossenen Motor bereitzustellen, bauen verschiedene Ausprägungen von Antriebsumrichtern oder auch Antriebsregelgeräten auf:

Drei Ausprägungen des Antriebsumrichters

- Frequenzumrichter mit U/f-Betrieb
- Frequenzumrichter mit feldorientierter Regelung
- Servoantriebsregelgeräte.

Frequenzumrichter mit U/f-Steuerung

Ein Frequenzumrichter mit U/f-Steuerung erzeugt eine Ausgangsspannung, deren Amplitude U und Ausgangsfrequenz f in einem festen Verhältnis U/f zueinander stehen. Erhöht man die Frequenz, steigt die Spannungsamplitude an. Der Motor reagiert aufgrund seines elektromagnetischen Aufbaus mit entsprechenden Veränderungen des magnetischen Flusses und erzeugt ein Drehmoment.

Die Spannung kann bis zu einer Grenze gesteigert werden, die durch die Spannung des Versorgungsnetzes vorgegeben ist. Der entsprechende Ausgangsfrequenzbereich gibt den Grunddrehzahlbereich vor. Weil sich die Ausgangsfrequenz über die Netzfrequenz hinaus erhöhen lässt, sind mit Elektromotoren, die über Frequenzumrichter mit U/f-Steuerung be-

Merkmale der U/f-Steuerung

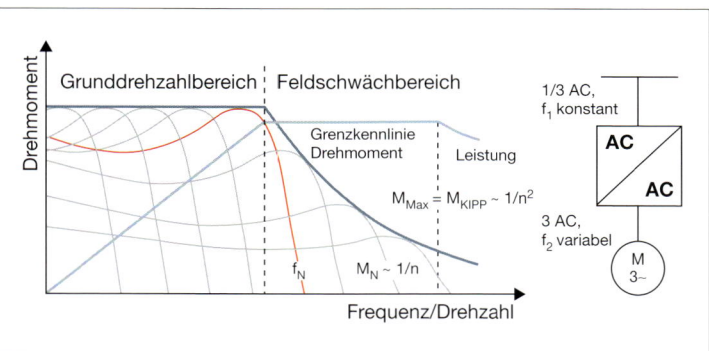

trieben werden, höhere Drehzahlen erreichbar als bei direkt am Versorgungsnetz betriebenen Motoren. Allerdings sinkt der magnetische Fluss mit weiter steigender Frequenz (Abb. 7). Deshalb nimmt das vom Elektromotor erzeugte Drehmoment im so genannten Feldschwächbereich ab.

Man spricht von einer U/f-Steuerung, weil keine Regelkreise geschlossen werden. Die Ausgangsspannung und Ausgangsfrequenz des Frequenzumrichters mit U/f-Steuerung werden unabhängig von den jeweiligen Zustandsgrößen des Drehstrommotors vorgegeben, das heißt gesteuert. Abbildung 8 zeigt die Signalverarbeitungsstruktur zur Erzeugung

Abb. 7:
Verhalten von Elektromotoren im Frequenzumrichterbetrieb
f_N *Netzfrequenz*
M_N *Motor-Nennmoment*

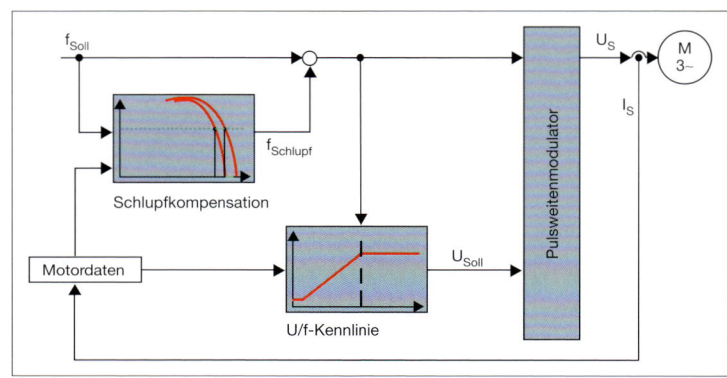

Abb. 8:
Signalverarbeitung
bei der U/f-Steuerung

f_{Soll} *Frequenz-*
       Sollwert

$f_{Schlupf}$ *Schlupf-*
       frequenz

U_{Soll} *Spannungs-*
       Sollwert

U_S *Ständer-*
       spannung

I_S *Ständerstrom*

Merkmale der
feldorientierten
Regelung

der Amplitude und Frequenz der Motorspannung.

Der Frequenzumrichter mit U/f-Steuerung ist einfach aufgebaut und kostengünstig. Zu seinen Nachteilen zählen das geringe Drehmoment des Elektromotors bei kleinen Drehzahlen sowie die eingeschränkte Drehzahlkonstanz und Dynamik.

Frequenzumrichter mit feldorientierter Regelung

Werden höhere Ansprüche an die Eigenschaften eines Frequenzumrichters gestellt, kommt die feldorientierte Regelung zum Einsatz (Abb. 9). Wesentliche Merkmale dieses Verfahrens sind:

• die Ermittlung von Drehzahl-Istwerten aus Strominformationen und einem Rechenmodell des Elektromotors

• die Drehzahlregelung mit unterlagerter Stromregelung

• die getrennte Regelung von Flusserzeugung und Drehmomenterzeugung.

Feldorientierte Regelungsverfahren erfordern eine gute Stromsensorik und einen im Vergleich zur einfacheren U/f-Steuerung etwas leistungsfähigeren Mikroprozessor.

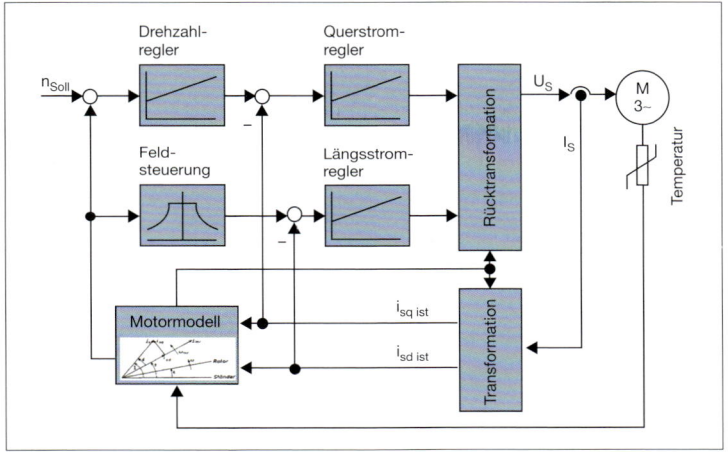

Servoantriebsregelgeräte

Weder für den Betrieb mit einem Frequenzumrichter mit U/f-Steuerung noch für den Betrieb mit einem Frequenzumrichter mit feldorientierter Regelung benötigen Elektromotoren eine zusätzliche Sensorik. Selbst die feldorientierte Drehzahlregelung kommt ohne Drehzahlsensor aus. Über ein Rechenmodell werden aus den Strom-Istwerten die Drehzahl-Istwerte berechnet. Es gibt allerdings Anwendungen, in denen die damit erreichbare Präzision und Dynamik des Antriebsverhaltens nicht mehr ausreicht. Dort kommen so genannte Servoantriebsregelgeräte zum Einsatz.

Signifikanter Unterschied des Servoantriebsregelgeräts gegenüber dem Frequenzumrichter mit feldorientierter Regelung ist der am Elektromotor angeordnete Rotorlagegeber. Über diesen Messgeber wird die Rotorlage erfasst und dem Lageregler zugeführt. Die Zeitabhängigkeit der Rotorlage enthält auch die Drehzahlinformation. Ein Differenzialalgorithmus ermittelt den Drehzahl-Istwert, der dem Drehzahlregler zugeführt wird (Abb. 10).

Abb. 9:
Signalverarbeitung bei der feldorientierten Regelung

n_{Soll} *Drehzahl-Sollwert*

$i_{sq\ ist}$ *Drehmomentbildender Strom-Istwert*

$i_{sd\ ist}$ *Feldbildender Strom-Istwert*

U_S *Ständerspannung*

I_S *Ständerstrom*

Merkmale des Servoantriebs

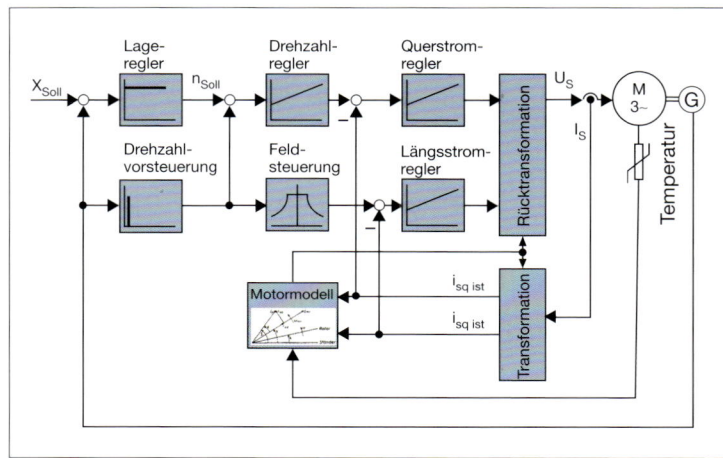

Abb. 10:
Signalverarbeitung
bei einem lagegere-
gelten Servoantrieb

x_{Soll} *Lage-Sollwert*
n_{Soll} *Drehzahl-Soll-*
wert
$i_{sq\ ist}$ *Drehmoment-*
bildender
Strom-Istwert
$i_{sd\ ist}$ *Feldbildender*
Strom-Istwert
U_S *Ständer-*
spannung
I_S *Ständerstrom*
G *Rotorlagegeber*

Charakteristische Merkmale des Servoantriebs
sind:

- eine sehr hohe Drehzahlkonstanz
- höchste Drehzahländerungsdynamik
- die Möglichkeit, den Lageregelkreis zu
  schließen
- erhöhte Kosten durch das Motormesssystem.

Die beschriebenen Ausprägungen von Frequenzumrichtern und das Servoantriebsregel-
gerät sind grundlegend für die weiteren Betrachtungen.

Topologien von Antriebsregelgeräten
In der elektrischen Antriebstechnik haben sich
zwei wesentliche Topologien von Antriebsregelgeräten durchgesetzt:

- die Umrichtertopologie
- die modulare Topologie.

Umrichter-
topologie

Die Umrichtertopologie ist in Abbildung 11
links dargestellt. Das leistungselektronische Gerät, der Antriebsumrichter, verfügt über einen
Eingang zum Anschluss des Versorgungsspan-

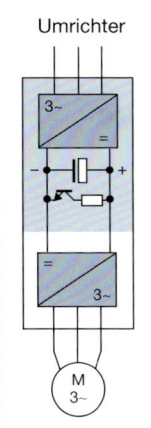

Umrichter

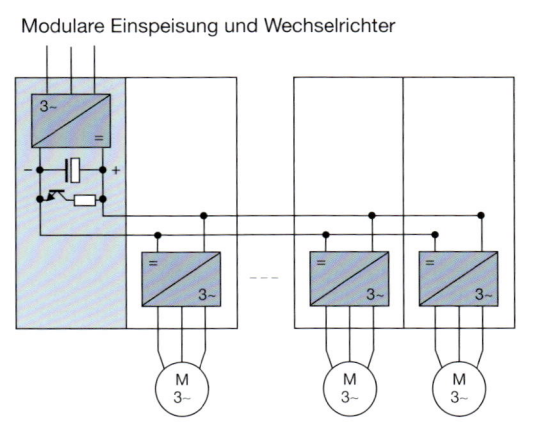

Modulare Einspeisung und Wechselrichter

nungsnetzes und einen Ausgang zum Anschluss eines Elektromotors. Der Gleichrichter und der Wechselrichter befinden sich in einem gemeinsamen Gehäuse. Die passende Wahl der Umrichtertopologie hat nicht nur anwendungsseitige Bedeutung, sondern ist auch im Hinblick auf die Energieeffizienz sehr wichtig.

Abb. 11: Umrichtertopologie (links) und modulare Topologie mit Kopplung der Antriebe über den Zwischenkreis (rechts)

Die modulare Topologie (Abb. 11 rechts) ist dadurch gekennzeichnet, dass es ein Leistungsversorgungsgerät gibt, das aus der Wechselspannung des Versorgungsnetzes eine Gleichspannung erzeugt. An diese Zwischenkreisspannung können mehrere Antriebswechselrichter angeschlossen werden. Der Gleichrichter und die Wechselrichter befinden sich in separaten Gehäusen. Die Kopplung der Antriebe erfolgt über den Zwischenkreis.

Modulare Topologie

Die modulare Antriebstechnik bietet darüber hinaus noch mehr Möglichkeiten. Weil an ein Versorgungsgerät mehrere Motorwechselrichter angeschlossen werden können, besteht die Möglichkeit eines Energieausgleichs zwischen den angeschlossenen Antrieben. Ein weiterer Vorteil des modularen Antriebskonzepts be-

Vorteile modularer Konzepte

steht darin, die Funktionalität des Versorgungsgeräts anwendungsspezifisch wählen zu können. So ist es möglich, ein Versorgungsgerät mit Netzrückspeisung einzusetzen, das es erlaubt, ungenutzte Energie aus dem Maschinenprozess wieder zurück in das Versorgungsnetz zu transferieren. Aufgrund des modularen Aufbaus ist es weiterhin möglich, Energiezwischenspeicher am Zwischenkreis anzuschließen und so kleinere und mittlere Energiemengen im Antriebssystem zu halten, um sie zu passender Zeit in anderen Betriebssituationen wieder dem Maschinenprozess zuzuführen.

Wirkungsgrade von Antriebskomponenten

Drehstrommotoren, Antriebsregelgeräte und Getriebe verursachen bei der Wandlung und Umformung von Energie Verluste. Das zeigt sich beispielsweise darin, dass ein Elektromo-

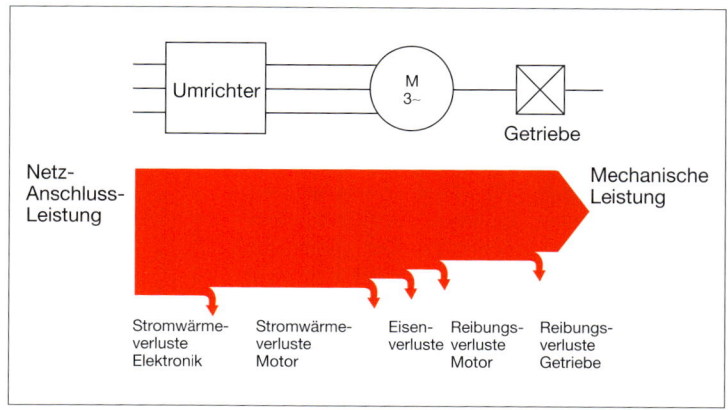

Abb. 12: Verlustleistungsanteile eines Antriebsstrangs

tor bei der Energiewandlung Wärme freisetzt. Ebensowenig arbeiten die Leistungselektronik des Umrichters und die angetriebenen mechanischen Komponenten verlustfrei (Abb. 12).

Wesentliche Verlustanteile im Antriebsstrang entstehen im Drehstrommotor. Die Verluste eines Elektromotors sind allerdings nicht konstant, sondern hängen von verschiedenen Randbedingungen ab. Dazu zählen das Motorprinzip, die Güte der eingesetzten Materialien und die Betriebsart bzw. der Betriebspunkt des Motors. Drei Arten von Verlusten treten auf:

* Stromwärmeverluste
* Eisenverluste
* Reibungsverluste.

Abbildung 13 zeigt am Beispiel eines Drehstrom-Asynchronmotors, dass Stromwärme-

Drehstrom-motoren

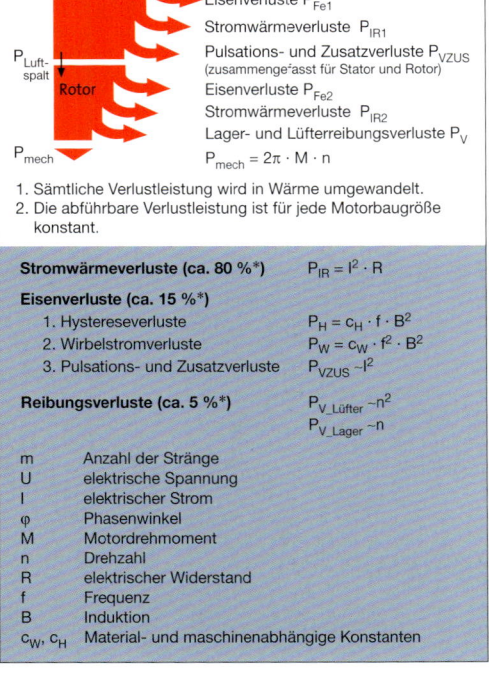

P_{el}

Stator

$P_{el} = m \cdot U \cdot I \cdot \cos \varphi$

Eisenverluste P_{Fe1}

Stromwärmeverluste P_{IR1}

$P_{Luft-spalt}$

Rotor

Pulsations- und Zusatzverluste P_{VZUS}
(zusammengefasst für Stator und Rotor)

Eisenverluste P_{Fe2}

Stromwärmeverluste P_{IR2}

Lager- und Lüfterreibungsverluste P_V

P_{mech}

$P_{mech} = 2\pi \cdot M \cdot n$

1. Sämtliche Verlustleistung wird in Wärme umgewandelt.
2. Die abführbare Verlustleistung ist für jede Motorbaugröße konstant.

Stromwärmeverluste (ca. 80 %*) $P_{IR} = I^2 \cdot R$

Eisenverluste (ca. 15 %*)

   1. Hystereseverluste $P_H = c_H \cdot f \cdot B^2$

   2. Wirbelstromverluste $P_W = c_W \cdot f^2 \cdot B^2$

   3. Pulsations- und Zusatzverluste $P_{VZUS} \sim I^2$

Reibungsverluste (ca. 5 %*) $P_{V\_Lüfter} \sim n^2$

                                     $P_{V\_Lager} \sim n$

m	Anzahl der Stränge
U	elektrische Spannung
I	elektrischer Strom
φ	Phasenwinkel
M	Motordrehmoment
n	Drehzahl
R	elektrischer Widerstand
f	Frequenz
B	Induktion
c_W, c_H	Material- und maschinenabhängige Konstanten

Abb. 13:
Verlustleistungs-anteile eines Asynchronmotors
* Durchschnittswerte im Leistungbereich bis 20 kW

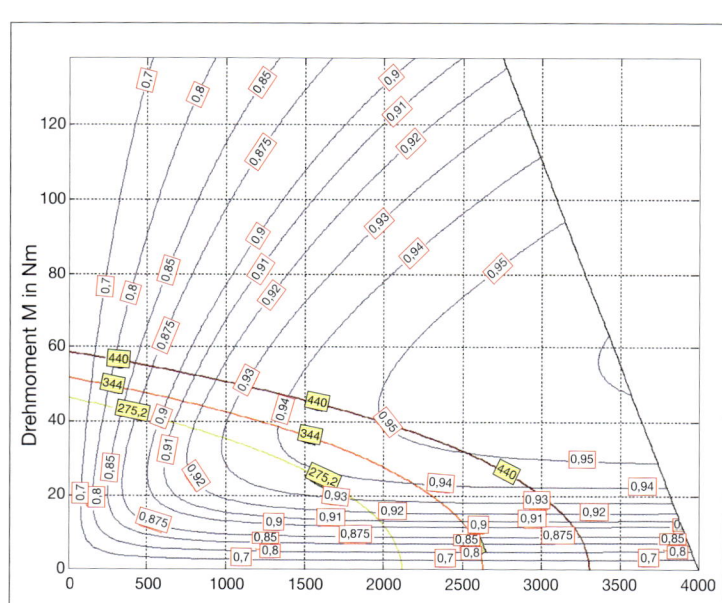

Abb. 14:
Wirkungsgrad-
kennlinienfeld eines
permanenterregten
Synchronmotors

verluste den dominanten Anteil an den insgesamt auftretenden Verlusten darstellen. Bei den Eisenverlusten und Reibungsverlusten handelt es sich um drehzahlabhängige Verluste.

Aufgrund der Verluste hat ein Elektromotor einen Wirkungsgrad unter 100 Prozent. Abbildung 14 zeigt am Beispiel eines permanenterregten Drehstrom-Synchronmotors die Wirkungsgrade in Abhängigkeit von der Drehzahl und vom Drehmoment. Die Niveaulinien kennzeichnen Betriebspunkte gleichen Wirkungsgrads. Je nach Betriebspunkt werden Wirkungsgrade bis über 95 Prozent erreicht.

Antriebs-
regelgeräte

Wie in den Elektromotoren entstehen auch in den Antriebsregelgeräten Verluste. Anders als beim Elektromotor handelt es sich praktisch

Getriebe-bauart	Maximale Untersetzung (typisch)	Wirkungsgrad (typisch)
Stirnrad	ca. 7	ca. 98 %
Kegelrad	ca. 5	ca. 98 %
Schnecke	ca. 50	50 %...96 %
Flachriemen	ca. 5	96 %...98 %
Keilriemen	ca. 8	92 %...94 %
Zahnriemen	ca. 8	96 %...98 %
Kette	ca. 6	96 %...98 %

Tab. 1:
Wirkungsgrade
unterschiedlicher
Getriebeprinzipien

ausschließlich um Stromwärmeverluste. Der dominante Verlustanteil in Antriebsregelgeräten entsteht in der Leistungselektronik. In günstigen Arbeitspunkten liegen die Wirkungsgrade von Antriebsregelgeräten jedoch im Bereich von 96 bis 98 Prozent.

Mechanische Getriebe dienen der Anpassung von Drehzahlen und Drehmomenten an den Bearbeitungsprozess. Aufgrund der sehr unterschiedlichen Funktionsprinzipien streuen auch die Wirkungsgrade von mechanischen Getrieben in weiten Bereichen. Aufgrund der hohen mechanischen Reibung liegen die Wirkungsgrade von Schneckengetrieben in bestimmten Ausführungsformen besonders niedrig (Tab. 1). Energieeffizientes Design von Antriebslösungen bedeutet demzufolge immer auch die eingehende Beschäftigung mit dem Thema Getriebe.

Getriebe

Möglichkeiten zur Steigerung der Energieeffizienz

Hinsichtlich des Energieflusses zwischen einem Antriebssystem und dem damit betriebenen Maschinenprozess lassen sich mehrere Fälle unterscheiden:

Arten des Energieflusses

- Energiefluss stets hin zum Prozess (z. B. Lüfterantrieb, Pumpenantrieb)
- Energiefluss überwiegend hin zum Prozess, verbunden mit temporärem generatorischem Bremsen (z. B. Servoantrieb, Fördereinrichtungen)
- pendelnder Energiefluss (z. B. Servopresse).

Aus wirtschaftlicher Sicht hängt die Auswahl der geeigneten Antriebslösung maßgeblich vom Maschinenprozess ab. Im Hinblick auf die Energieeffizienz liegen in der prozessgerechten Auswahl des Antriebssystems wesentliche Hebel.

Technische Möglichkeiten

Für den Fall eines stets hin zum Prozess gerichteten Energieflusses bedarf es keiner besonderen Einrichtungen im Antriebssystem. Es wird lediglich die Kernfunktion des Antriebsumrichters genutzt: die Drehzahlveränderung. Um diejenigen Fälle zu beherrschen, bei denen es auch zur Umkehr des Energieflusses kommen kann, stehen mehrere technische Möglichkeiten zur Verfügung:

- Umwandlung überschüssiger Energie in Wärme
- Energieausgleich zwischen Antrieben
- Energierückspeisung in das Versorgungsnetz
- Energiepufferung.

Umwandlung von überschüssiger Energie in Wärme

Der Rotor eines Elektromotors stellt wie die von ihm angetriebenen Maschinenelemente eine bewegliche Masse dar. Dreht sich der Rotor, wird elektrische Energie in kinetische Energie der bewegten Maschinenteile umgewandelt. Je nach Maschinenprozess kann der Bedarf an Energie für einen Bearbeitungsprozess variieren. Soll die Maschine über den Motor aktiv gebremst werden, muss die kinetische Energie wieder in elektrische Energie umgewandelt werden. Der Motor arbeitet in einem solchen Betriebsfall als Generator. Ausnahmen sind Maschinen, in denen die Reibung so stark ist, dass die kinetische Energie vollständig in Reibungswärme umgewandelt wird.

Der generatorische Betrieb eines Elektromotors führt zu einer Erhöhung der Zwischenkreisspannung im Antriebsumrichter. Diese würde sich so lang fortsetzen, bis die kinetische Energie vollständig abgebaut und als elektrische Energie im Zwischenkreiskondensator gespeichert ist. Zwischenkreiskondensatoren sind nur in der Lage, kleinere Energiemengen aufzunehmen. Um zu vermeiden, dass der Antriebsumrichter bei Erreichen der Kapazitätsgrenze des Zwischenkreiskondensators zerstört wird, verfügen Umrichter über einen so genannten Bremswiderstand. Der Bremswiderstand wird bei Erreichen eines vorgegebenen Spannungsgrenzwerts über einen Transistor an den Zwischenkreis geschaltet. Daraufhin wird die überschüssige Energie im Bremswiderstand in Wärme umgewandelt (Abb. 15).

Funktion des Brems-Choppers

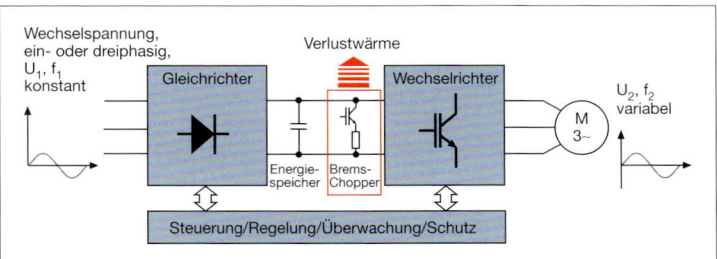

Abb. 15: Umwandlung überschüssiger Energien in Wärme

Die beim generatorischen Betrieb eines Elektromotors anfallende elektrische Energie in Wärme umzuwandeln ist allerdings nur dann wirtschaftlich sinnvoll, wenn es sich um relativ kleine Energiemengen handelt. Bei größeren Energiemengen sind die im Folgenden beschriebenen Methoden wirtschaftlicher.

Energieausgleich zwischen Antrieben

Modulare Antriebskonzepte (siehe Seite 20 f.) erlauben es, mehrere Motorwechselrichter über einen gemeinsamen Gleichspannungszwischenkreis an ein Versorgungsmodul anzuschließen. Diese Topologie eines Antriebsregelgeräts lässt Energieflüsse auch zwischen den Antrieben zu. Wenn in einem bestimmten Betriebsfall ein Elektromotor oder mehrere Elektromotoren generatorisch und die anderen motorisch arbeiten, so kann die Bremsenergie der generatorisch arbeitenden Antriebe über den Zwischenkreis direkt zu den motorisch arbeitenden Antrieben fließen (Abb. 16). Elektrische Energie muss nicht im Zwischenkreis gespeichert werden, und damit ist es auch nicht erforderlich, überschüssige Energie über einen Bremswiderstand in Wärme umzuwandeln.

Wie effektiv der Energieausgleich zwischen den Antrieben bei modularer Topologie des Antriebsregelgeräts ist, hängt stark von der Anwendung ab. In zahlreichen Anwendungen

Energiefluss über den Zwischenkreis

Abb. 16:
Energieausgleich
zwischen Antrieben

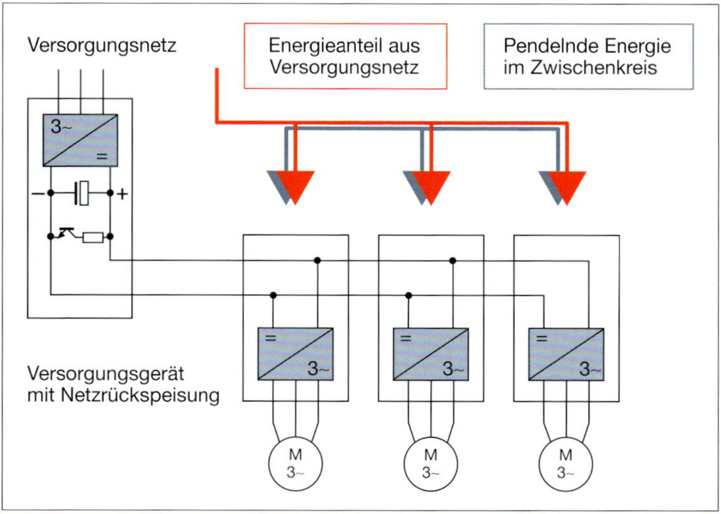

lassen sich allerdings signifikante Energieeinsparungseffekte realisieren. Entscheidend ist es, die Möglichkeit des Energieausgleichs bereits bei der Konzeptionierung der Maschine oder Anlage in die Überlegungen mit einzubeziehen. Bei bestehenden Konzepten ist es häufig nicht mehr möglich, die Möglichkeiten des Energieausgleichs zwischen den Antrieben voll auszuschöpfen.

Energiepufferung

Der Energieausgleich zwischen Antriebsgruppen, bei denen einzelne Antriebe generatorisch und andere motorisch arbeiten, setzt voraus, dass diese beiden Betriebsarten sich zeitlich günstig überlagern. Häufig ist diese zeitliche Überlagerung nicht gegeben. Um dennoch zu vermeiden, dass anfallende Energiespitzen in Wärme umgewandelt werden müssen, bietet es sich an, einen Energiepuffer am Gleichspannungszwischenkreis anzuordnen. Je nach anfallender Energiemenge kann dieser Puffer aus Kondensatoren oder einem Schwungmassenspeicher bestehen.

Kapazitiver Zwischenspeicher

Die in einem Kondensator speicherbare Energie kann mit folgender Gleichung berechnet werden (Abb. 17):

$$W = C \cdot \frac{U_2^2 - U_1^2}{2}$$

Dabei ist:

W im Kondensator gespeicherte Energie
C Kapazität des Kondensators
U_1 untere Spannungsgrenze, die der Kondensator bei der teilweisen Entladung erreicht
U_2 obere Spannungsgrenze, die beim Laden des Kondensators nicht überschritten werden darf.

Der Gedanke, elektrische Energie in Kondensatoren zu speichern, liegt nahe. Der Konden-

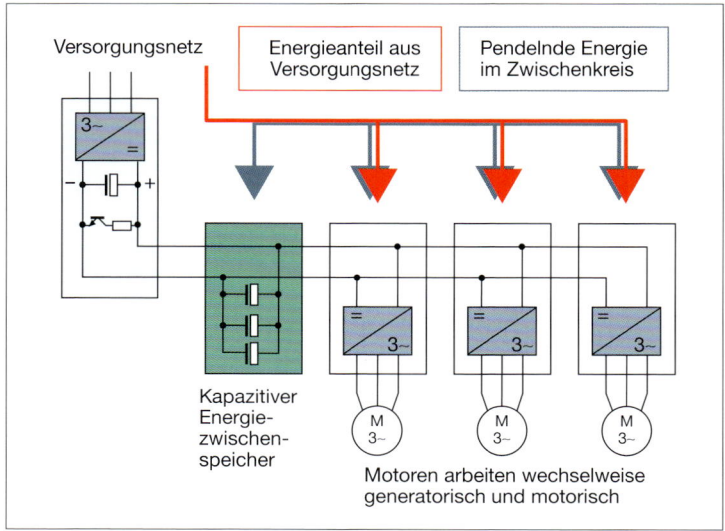

Versorgungsnetz

Energieanteil aus Versorgungsnetz

Pendelnde Energie im Zwischenkreis

Kapazitiver Energiezwischenspeicher

Motoren arbeiten wechselweise generatorisch und motorisch

Abb. 17:
Kapazitiver Energiespeicher

Kinetischer Zwischenspeicher

sator kann sehr schnell Energie aufnehmen und auch wieder abgeben. Allerdings steigen die Kosten für einen kapazitiven Speicher mit dem Speichervolumen stark an. Wenn größere Energiemengen zwischengespeichert werden müssen, wird der kapazitive Energiespeicher wirtschaftlich unattraktiv und es kommen kinetische Energiespeicher zum Einsatz.

Der Schwungmassenspeicher (Abb. 18) ist ein eigener Antrieb, an dessen Motor eine entsprechend große Schwungmasse angebracht ist. Die gespeicherte Energie hängt vom Trägheitsmoment der Schwungmasse und von der Kreisfrequenz ab:

$$W = J \cdot \frac{\omega^2}{2}$$

Dabei ist:
W im Kondensator gespeicherte Energie
J Trägheitsmoment der Schwungmasse
ω Kreisfrequenz (Winkelgeschwindigkeit).

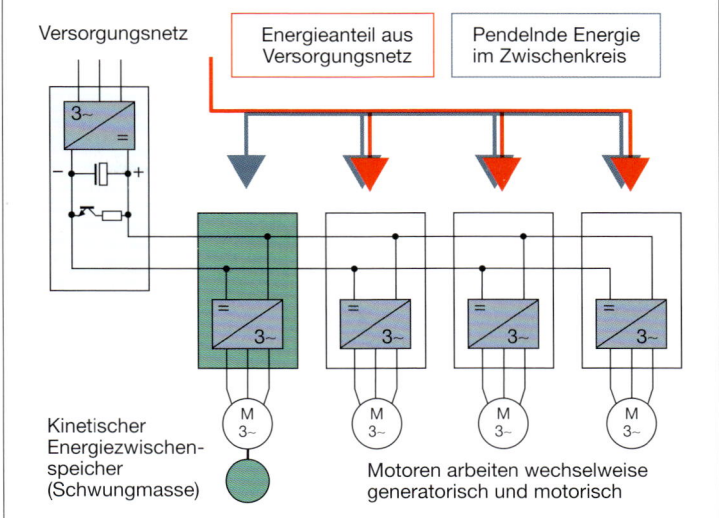

Versorgungsnetz

Energieanteil aus
Versorgungsnetz

Pendelnde Energie
im Zwischenkreis

Kinetischer
Energiezwischen-
speicher
(Schwungmasse)

Motoren arbeiten wechselweise
generatorisch und motorisch

Bei beiden beschriebenen Methoden zur Energiepufferung sind zwei wesentliche Aspekte
der Energieeinsparung gegeben: Durch die
systeminterne Energiespeicherung wird weniger Energie aus dem Versorgungsnetz benötigt.
Es wird vermieden, dass generatorisch erzeugte Energiemengen über einen Bremswiderstand in Wärme umgewandelt werden müssen. Darüber hinaus ist durch die Reduzierung
der erforderlichen Netzanschlussleistung ein
weiterer kommerzieller Vorteil gegeben.

Abb. 18:
Kinetischer Energie-
speicher

Energierückspeisung in das Versorgungs-
netz

Neben der Möglichkeit, Energie im Antriebssystem zwischenzuspeichern, bietet die elektrische Antriebstechnik auch Einrichtungen zur
Rückspeisung elektrischer Energie in das Versorgungsnetz (Abb. 19). Im Fall einer modularen Topologie des Antriebsregelgeräts kann auf
einfache Weise ein Einspeise-Versorgungs-

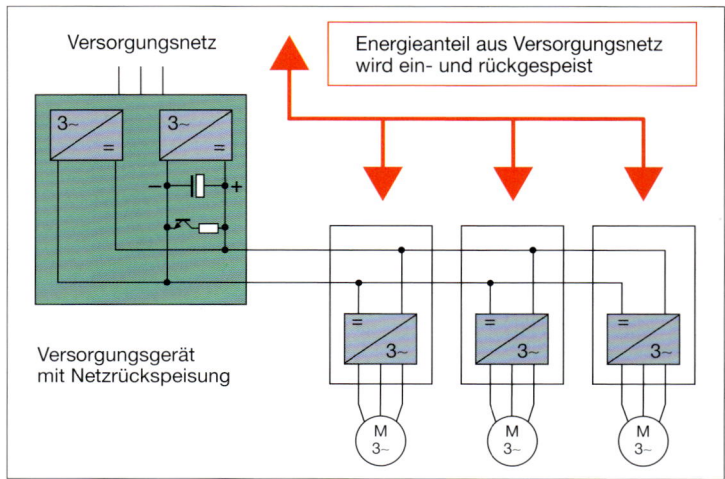

Versorgungsnetz

Energieanteil aus Versorgungsnetz wird ein- und rückgespeist

Versorgungsgerät mit Netzrückspeisung

Abb. 19:
Energierückspeisung
in das Versorgungs-
netz

Typische Anwendung: spanende Werkzeugmaschine

modul durch ein Rückspeise-Versorgungsmodul ersetzt werden, um die Rückspeisefähigkeit des Antriebssystems zu erreichen. Im Fall einer Umrichtertopologie muss entweder ein separates Gerät zur Netzrückspeisung eingesetzt werden oder man nutzt ein Antriebsregelgerät mit integrierter Rückspeiseeinrichtung.

Antriebssysteme mit Energierückspeisung in das Versorgungsnetz kommen in Anwendungen zum Einsatz, bei denen eine Energiepufferung unwirtschaftlich ist oder die entsprechenden Einrichtungen zu viel Bauraum beanspruchen würden. Typischer Anwendungsbereich ist die spanende Werkzeugmaschine, bei der ein Hauptspindelantrieb zyklisch beschleunigt und gebremst werden muss, um den Werkzeug- oder Werkstückwechsel durchzuführen. Dabei kommt es auf kurze Taktzeiten an. Demzufolge ist der Bremsvorgang sehr schnell durchzuführen. Die dabei umzuwandelnden Energien sind so groß, dass es wirtschaftlich ist, die Bremsenergie in das Versorgungsnetz zurückzuspeisen.

Die beschriebenen Möglichkeiten des Umgangs mit Bremsenergie und prozessbedingtem Pendeln von Energie bieten Ansatzpunkte zur Steigerung der Energieeffizienz von Anlagen und Maschinen. Tabelle 2 ermöglicht eine grobe Orientierung, bei welchen Anwendungen einer oder mehrere der genannten Ansätze wirtschaftlich sinnvoll sind.

Energiemanagementmethode	Anwendungsbereiche
Wandlung überschüssiger Energie in Wärme	Anlagen mit kurzen generatorischen Bewegungsphasen und kleinen Energieflüssen
Energieausgleich im Zwischenkreis	Anlagen mit vielen Antrieben Zeitgleiches Auftreten von generatorischen und motorischen Energieflüssen
Energiepufferung	Maschinenprozesse mit pendelnden Energieflüssen
Energierückspeisung in das Versorgungsnetz	Anlagen mit langen generatorischen Bewegungsphasen und großen Energieflüssen

Tab. 2:
Anwendungsbereiche verschiedener Energiemanagementmethoden

Weitere Möglichkeiten zur Steigerung der Energieeffizienz

Antriebsregelgeräte weisen Wirkungsgrade von 96 bis 98 Prozent auf. Trotz dieses hohen Wirkungsgrads fallen je nach Leistungklasse des Umrichters oder Wechselrichters deutliche Verlustleistungen an – bei 96 Prozent Wirkungsgrad erzeugt ein 100-Kilowatt-Antriebsregelgerät immerhin vier Kilowatt thermische Leistung.

Antriebsregelgeräte werden üblicherweise in Schaltschränken eingebaut. Die verlustbedingte Abwärme der Antriebsregelgeräte muss aus den Schaltschränken herausgeführt werden. Üblicherweise kommen zu diesem Zweck Klimageräte zum Einsatz, die ihrerseits einen endlichen Wirkungsgrad haben und damit die Gesamtenergiebilanz weiter belasten. Mög-

Effizienter Umgang mit Verlustwärme

lichkeiten für einen energieeffizienteren Umgang mit der Verlustwärme von Antriebsregelgeräten sind:

- die Realisierung eines dezentralen Antriebskonzepts, das keinen Schaltschrank mehr benötigt
- die Durchstecklösung, bei der der Kühlkörper des Antriebsregelgeräts durch die Schaltschrankrückwand gesteckt wird
- die Flüssigkeitskühlung, bei der der Kühlkörper des Antriebsregelgeräts von einer Kühlflüssigkeit durchströmt wird.

Nutzung von Verlustwärme als Prozesswärme

Die Flüssigkeitskühlung von Antriebselektronik bietet die Möglichkeit, abgeführte Verlustwärme in andere Prozesse einzuspeisen und somit weiter zu nutzen. Neben der Antriebselektronik können auch die Drehstrommotoren über eine Flüssigkeitskühlung entwärmt werden. Laufen im Umfeld einer Anlage oder Maschine thermische Prozesse ab, die eine Einspeisung der Abwärme von Antriebsregelgeräten und Elektromotoren erlauben, lässt sich eine besonders günstige Gesamtenergiebilanz erzielen.

Energieeffiziente Antriebstechnik in der Praxis

Energiepufferung

Anwendungsbeispiel Servopresse

Mit bestimmten Maschinenkonzepten ist ein Pendeln größerer Energiemengen zwischen der Maschine und dem Antriebssystem verbunden. Typische Vertreter solcher Maschinen sind Servopressen.

Die klassische Presse verfügt über einen Hauptantrieb, der eine große Schwungmasse antreibt. Diese Schwungmasse dient als mechanischer Energiespeicher. Ihre kinetische Energie wird beim Umformprozess in Verformungsenergie verwandelt.

Bei der Servopresse (Abb. 20) treibt hingegen ein Servomotor den Pressenmechanismus an. Es gibt keine Schwungmasse mehr. Außerdem muss die Servopresse für einen Arbeitszyklus nicht wie die klassische Presse jeweils eine volle Umdrehung der Schwungmasse vollführen. Vielmehr können auch Kurzhübe ausgeführt werden. Ein weiterer Vorteil der Servopresse ist die Möglichkeit, den Verformungsprozess sehr feinfühlig über den Servoantrieb zu beeinflussen. Damit verbunden sind neue Gestaltungsfreiheiten in der Verformungstechnologie.

Servomotor ersetzt Schwungmasse

Antriebstechnisch bedeutet der Wegfall der Schwungmasse bei der Servopresse, dass die für den Verformungsprozess kurzfristig erforderlichen Energien aus dem Antriebssystem beziehungsweise aus dem Versorgungsnetz bezogen werden müssen. Sollen die benötigten Leistungsspitzen aus dem Versorgungsnetz geholt werden, muss das Netz entsprechende Spit-

Begrenzung der elektrischen Anschlussleistung

Sicherheit bei Netzausfall

zenleistungen bereitstellen. Hohe Anschluss-leistungen sind aber kostenintensiv. So kann es wirtschaftlicher sein, über einen Energiepuffer im Antriebssystem Energien zwischenzuspeichern und die Versorgungsnetzbelastung zu reduzieren. Ein weiterer sehr wesentlicher Aspekt ist die Tatsache, dass Umformpressen üblicherweise automatisiert be- und entladen werden. Der dazu erforderliche Pressentransfermecha-

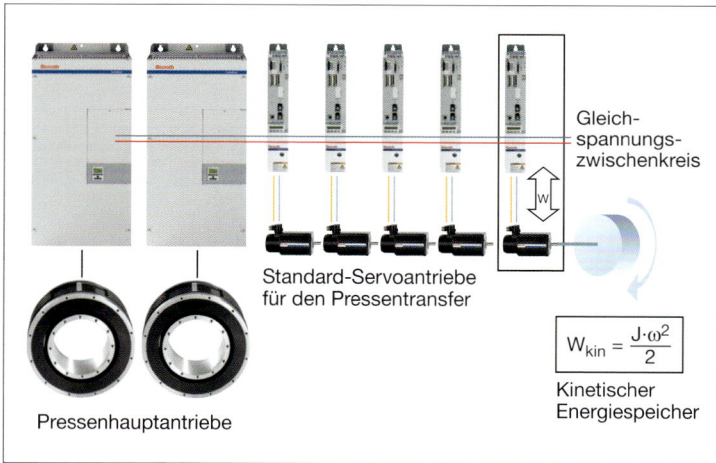

Gleich-spannungs-zwischenkreis

Standard-Servoantriebe für den Pressentransfer

$$W_{kin} = \frac{J \cdot \omega^2}{2}$$

Kinetischer Energiespeicher

Pressenhauptantriebe

Abb. 21:
Antriebskonfiguration für eine Servopresse mit Pressentransfer und kinetischem Energiepuffer

nismus muss zum Be- und Entladen in die Presse hineingreifen. Ein Netzausfall in dieser Bewegungsphase könnte zu schweren Maschinenschäden führen, wenn der Transfermechanismus nicht mehr rechtzeitig aus dem Pressenbereich herausgefahren werden kann. Ein Energiepuffer, der vom Versorgungsnetz unabhängig ist, ermöglicht es, den Transfermechanismus auch bei Versorgungsnetzausfällen in eine sichere Position zu fahren (Abb. 21).

In einem Pressenzyklus sind kurzzeitig große Leistungsspitzen bereitzustellen. Bei Bremsvorgängen der Presse kommt es allerdings auch zu entsprechenden Leistungsspitzen mit

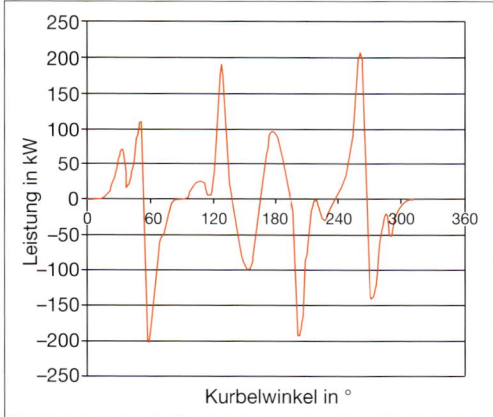

*Abb. 22:
Leistungsbedarf in
einem Pressenzyklus
mit Leistungsspitzen
bis 200 kW; negative
Leistung kann durch
Energiepufferung für
den Prozess genutzt
werden.*

umgekehrtem Vorzeichen (Abb. 22). Die entsprechenden Energien können im kinetischen Speicher zwischengespeichert werden und dann beim nächsten Beschleunigungsvorgang genutzt werden.

Energieeinsparpotenzial dezentraler Antriebstechnik

Dezentrale Antriebstechnik beschreibt ein Lösungskonzept, bei dem die Antriebsregelgeräte nicht in Schaltschränken untergebracht, sondern direkt am Motor angeordnet sind. Im Schaltschrank verbleibt lediglich das Netzversorgungsgerät, das gemäß dem modularen Konzept einen Gleichspannungszwischenkreis bereitstellt. Die Zwischenkreisspannung wird über ein Kabel an die Maschine geführt und an den ersten der dezentralen Antriebe angeschlossen. Weitere Antriebe können durch Fortführen der Kabelverbindung von dezentralem Antrieb zu dezentralem Antrieb eingebunden werden (»daisy chaining«). Auf diese Weise können bis zu 20 dezentrale Antriebe mit einem einzigen Kabelstrang zusammengeschaltet werden (Abb. 23).

Abb. 23:
Dezentrales modulares
Antriebssystem

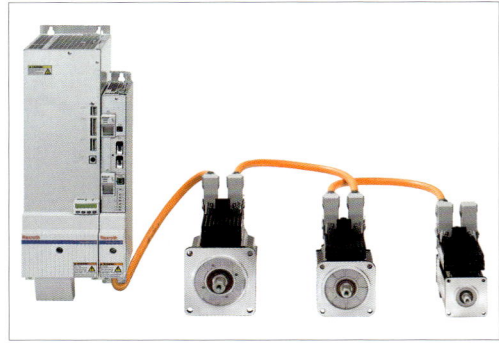

Abb. 23:
Dezentrales modulares
Antriebssystem

Abb. 24:
Einsparpotenziale
dezentraler Antriebs-
technik im Vergleich
zu konventionellen
Lösungen
* Die Zahlenangaben zur
Energieeinsparung
geben typische Werte
wieder, die tatsächliche
Einsparung kann in
Abhängigkeit vom
Anwendungsfall höher
oder niedriger aus-
fallen.

Die dezentrale Antriebstechnik bietet verschiedene Möglichkeiten der Energieeinsparung. Die in Abbildung 24 enthaltenen prozentualen Angaben für die Energieeinsparung beziehen sich auf das klassische Lösungskonzept mit einzelnen, in Schaltschränken angeordneten Frequenzumrichtern, die jeweils direkt am Versorgungsnetz betrieben werden und keinerlei Kopplung im Zwischenkreis besitzen. Die Angaben für die Energieeinsparung der Motoren beziehen sich auf Asynchron-Normmotoren.

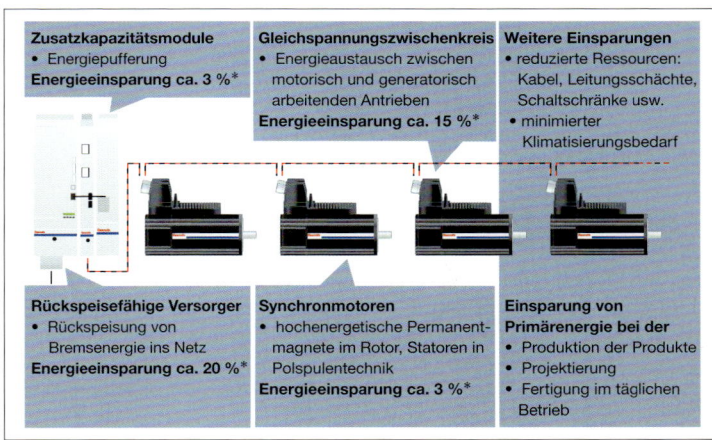

Zusatzkapazitätsmodule
- Energiepufferung
Energieeinsparung ca. 3 %*

Gleichspannungszwischenkreis
- Energieaustausch zwischen motorisch und generatorisch arbeitenden Antrieben
Energieeinsparung ca. 15 %*

Weitere Einsparungen
- reduzierte Ressourcen: Kabel, Leitungsschächte, Schaltschränke usw.
- minimierter Klimatisierungsbedarf

Rückspeisefähige Versorger
- Rückspeisung von Bremsenergie ins Netz
Energieeinsparung ca. 20 %*

Synchronmotoren
- hochenergetische Permanentmagnete im Rotor, Statoren in Polspulentechnik
Energieeinsparung ca. 3 %*

Einsparung von Primärenergie bei der
- Produktion der Produkte
- Projektierung
- Fertigung im täglichen Betrieb

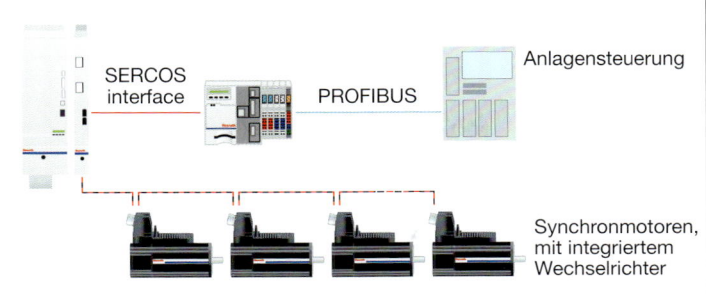

SERCOS interface

PROFIBUS

Anlagensteuerung

Synchronmotoren, mit integriertem Wechselrichter

Aufnahmeleistung der originären Anlage: 18,5 kW
Aufnahmeleistung mit effizienter Lösung: 12,0 kW
- Hocheffiziente Synchronmotoren
- Netzrückspeisung
- Verzicht auf Schaltschrankklimatisierung
- Energiepufferung mit Kapazitätsmodulen
- Energieaustausch über Zwischenkreis

Summe Einsparung: 6,5 kW (–35 %)
Energieeinsparung im Jahr*:   42 000 kWh
CO$_2$-Vermeidung: 25 t

Die Vorteile der dezentralen Antriebstechnik lassen sich beispielsweise in Paketsortieranlagen nutzen. In dem in Abbildung 25 gezeigten Anwendungsbeispiel werden mehrere der erwähnten Methoden zur Energieeinsparung angewendet. Besonders wirkungsvoll ist der Energieaustausch über den Zwischenkreis und die Rückspeisung in das Versorgungsnetz. Insgesamt ergibt sich eine signifikante Energieersparnis von rund 35 Prozent gegenüber einer klassischen Antriebslösung.

Abb. 25: Energieeinsparung am Beispiel einer Paketsortieranlage
* Betrieb 18 Std./Tag, 360 Tage/Jahr
** Energiemix, Deutschland gemäß GEMIS Version 4.2 im Vergleichsjahr 2004: 0,613 kg CO$_2$ pro kWh

Energieeffizienzsteigerung durch optimierte Bewegungssteuerung

Ein großer Teil der Energie, die in Anlagen und Maschinen verbraucht wird, wird zur Bewegung von Maschinenteilen oder Werkstücken benötigt. Moderne Servoantriebsregelgeräte er-

Abb. 26:
Energieeinsparung
durch optimierte
Bewegungssteuerung
am Beispiel eines
Riementriebs mit
Servoantrieb

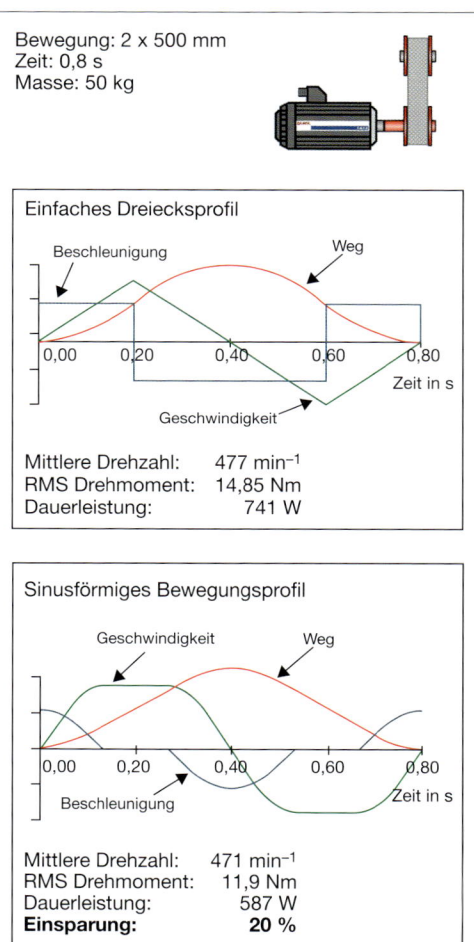

Bewegung: 2 x 500 mm
Zeit: 0,8 s
Masse: 50 kg

Einfaches Dreiecksprofil

Beschleunigung
Weg
Geschwindigkeit

0,00   0,20   0,40   0,60   0,80
Zeit in s

Mittlere Drehzahl: 477 min⁻¹
RMS Drehmoment: 14,85 Nm
Dauerleistung: 741 W

Sinusförmiges Bewegungsprofil

Geschwindigkeit
Weg
Beschleunigung

0,00   0,20   0,40   0,60   0,80
Zeit in s

Mittlere Drehzahl: 471 min⁻¹
RMS Drehmoment: 11,9 Nm
Dauerleistung: 587 W
Einsparung: 20 %

Anwendungs-
beispiele Rie-
mentrieb …

möglichen zum einen eine hohe Dynamik von
Motor und Mechanik, zum anderen lassen sich
Bewegungen sehr definiert ausführen. Dies be-
legt nachdrücklich das in Abbildung 26 ge-
zeigte Anwendungsbeispiel eines Riementriebs.
Durch geschickte Wahl des Bewegungsprofils

kann die angestrebte kurze Positionierzeit erreicht werden. Dabei ergibt sich eine Energieersparnis von rund 20 Prozent gegenüber der konventionellen Positioniermethode.

Ein weiteres Anwendungsbeispiel für die Energieeinsparmöglichkeiten durch optimierte Bewegungssteuerung findet sich in einer Thermoformmaschine. Die in Abbildung 27 gezeigte Maschine stellt durch einen thermischen Umformprozess Joghurtbecher her. Es sind zwei Stempel im Einsatz, die im nicht optimierten Zustand der Anlage zeitgleich bewegt wurden. In der Folge kam es im Moment der Stempelbewegung zu einer Leistungsspitze, die vom Versorgungsnetz zu decken war. Um den netzseitigen Energiebedarf zu verringern, finden die beiden Stempelbewegungen nicht mehr gleichzeitig statt. Die gewählte zeitliche

... und Thermoformmaschine

Abb. 27: Energieeinsparung bei einer Thermoformmaschine mit zwei Stempeln und Kniehebelmechanismus

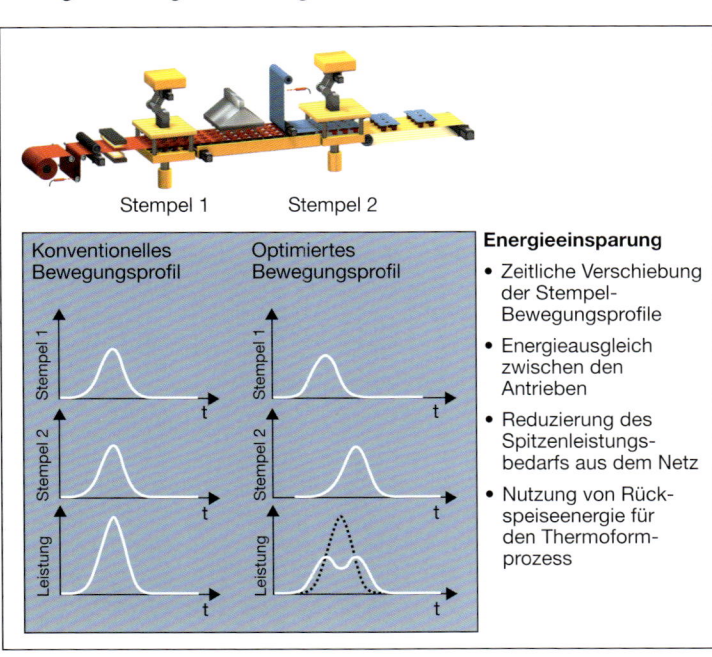

Stempel 1   Stempel 2

Konventionelles Bewegungsprofil

Optimiertes Bewegungsprofil

Stempel 1
Stempel 2
Leistung

t

Energieeinsparung

- Zeitliche Verschiebung der Stempel-Bewegungsprofile

- Energieausgleich zwischen den Antrieben

- Reduzierung des Spitzenleistungsbedarfs aus dem Netz

- Nutzung von Rückspeiseenergie für den Thermoformprozess

Verschiebung ermöglicht eine deutliche Senkung des Energiebedarfs in Höhe von rund 20 Prozent.

Zusammenfassung

Die skizzierten Praxisbeispiele zeigen die vielfältigen Möglichkeiten der Energieeinsparung im Bereich der elektrischen Antriebstechnik. Je nach Problemstellung können einzelne oder sogar mehrere Stellhebel zur Energieeinsparung angewendet werden (Tab. 3).

Anwendungs-beispiel	Stellhebel zu Energieeinsparung			
	Efficient Components	Energy Recovery	Energy on Demand	Energy System Design
Servopresse	x	x	x	x
Paketsortier-anlage	x	x		x
Thermoform-maschine	x			x

Tab. 3:
Praktische Anwendung der vier Stellhebel zur Energieeinsparung

Die ausgewiesenen Einsparpotenziale sind als Richtwerte zu verstehen und hängen von den Gegebenheiten des konkreten Betrachtungsfalls ab.

Hybride elektrohydraulische Antriebstechnik

Seit einigen Jahren hält die Elektronik Einzug in die Produkte der Industriehydraulik. Während die elektrische Antriebs- und Steuerungstechnik Vorteile hinsichtlich der Energieeffizienz, Geräuschentwicklung, Präzision und Integrationsfähigkeit aufweist, punktet die Hydraulik mit der Kraftdichte, Leistungsverzweigung und Robustheit. Die Kombination beider Technologien erlaubt neben verbesserter Regelbarkeit, Geräuschreduzierung und einfacherer Integration in das Maschinengesamtsystem vor allem eine bessere Ausschöpfung des Energieeinsparpotenzials.

Maximale Energieeinsparung

Von der Ventil- und Verdrängersteuerung zur Bedarfsregelung

In stationären Anwendungen der Industriehydraulik kommt in rund der Hälfte aller Fälle das altbewährte Konstantdrucksystem mit Ventilsteuerung zum Einsatz. Bei der anderen Hälfte der Anwendungen werden Verdrängersteuerungen mit Verstellpumpen eingesetzt. Bei beiden Prinzipien erfolgen die Leistungsregelung und die Leistungsübertragung in der Hydraulik.

Als wesentlicher Treiber der technischen Weiterentwicklung der Ventil- und Verdrängersteuerung hin zur Bedarfsregelung ist vor allem die Steigerung der Energieeffizienz zu sehen. Durch die Verbindung von Hydraulik und elektrischer Antriebs- und Steuerungstechnik ergeben sich völlig neue Möglichkeiten der Energieeinsparung, die mit einer Bedarfsregelung durch drehzahlvariable Pumpenantriebe

Drehzahlvariable Pumpenantriebe

(siehe Seite 46 ff.) genutzt werden können. Dabei erfolgt die Leistungsübertragung durch die Hydraulik, während die Regelung von der elektrischen Antriebstechnik übernommen wird. Auch spielen die Senkung des Geräuschpegels und die einfache Einbindung in die Steuerungsarchitektur eine wichtige Rolle. In einigen Branchen konnten sich diese Lösungen bereits erfolgreich durchsetzen, so zum Beispiel bei Kunststoffspritzmaschinen, Pressen und spanenden Werkzeugmaschinen.

Ventilsteuerung

Bei der klassischen Ventilsteuerung orientiert sich die Auslegung und Dimensionierung an der maximalen Belastung der Maschine. Der Aufbau einer herkömmlichen Ventilsteuerung besteht aus einem mit konstanter Drehzahl laufenden Standardasynchronmotor, der über eine drehelas-

Konstantpumpe tische Klauenkupplung eine Konstantpumpe antreibt (Abb. 28). Diese Pumpe stellt die hydrauli-

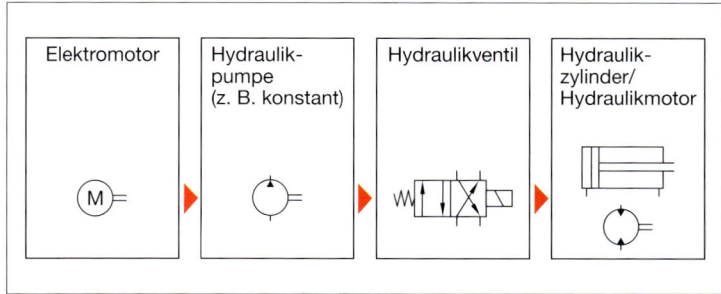

Abb. 28:
Grundprinzip einer
Ventilsteuerung

sche Leistung, die für die Maschinenbewegung bei maximaler Last und Geschwindigkeit erforderlich ist, in Form von Druck und Volumenstrom konstant zur Verfügung. Zur Lastanpassung wird die ungenutzte hydraulische Energie durch eine Drosselsteuerung in Wärme umgewandelt. Das gilt für alle Betriebszustände, in denen weniger Volumenstrom benötigt wird als

die Konstantpumpe bereitgestellt, also zum Beispiel für den Stand-by- und den Teillastbetrieb.
Sekundärenergie ist zur Kühlung des Hydraulik-
öls erforderlich, um eine Überhitzung und daraus
resultierende Folgeschäden zu vermeiden.
Um energetische Verbesserungen bei Ventil-
steuerungen zu erreichen, werden hydraulische
Speicher eingesetzt, mit denen sich Leistungsspitzen im Maschinenzyklus abdecken lassen.
Oftmals können dadurch kleinere Baugrößen
bei Pumpen eingesetzt und die notwendige in-
stallierte Leistung des Elektromotors reduziert
werden.

Verdrängersteuerung

Die Verdrängersteuerung durch Verstellpum-   **Verstellpumpe**
pen bringt deutliche energetische Verbesserun-
gen gegenüber einer Ventilsteuerung, weil das
Bewegungsprofil durch den veränderlichen
Volumenstrom der Pumpen bestimmt wird.
Der Aufbau einer typischen Verdrängersteue-

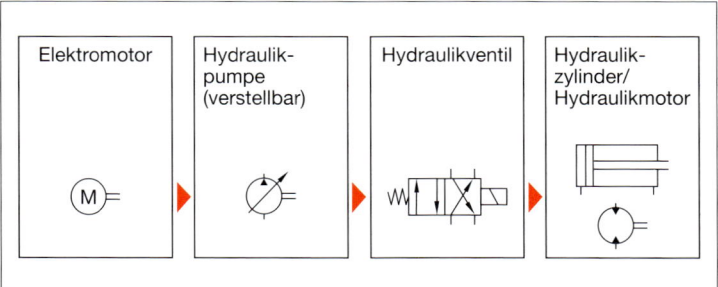

rung besteht aus einem mit konstanter Dreh-   *Abb. 29:*
zahl laufenden Standard-Asynchronmotor, der   *Grundprinzip einer*
die Verstellpumpe über eine drehelastische   *Verdrängersteuerung*
Kupplung antreibt (Abb. 29). Durch interne
Verstellmechanismen erzeugt die Pumpe zu je-
dem Zeitpunkt nur so viel hydraulische Leistung, wie entsprechend dem Belastungsprofil
an der Maschine benötigt wird. Allerdings

läuft der Elektromotor auch im Stand-by-Betrieb mit ungünstigem Wirkungsgrad und verursacht Leistungsverluste, ohne eine verwertbare Nutzleistung zu erbringen.

Bedarfsregelung

Bei der Bedarfsregelung (engl.: *power on demand*) wird die Drehzahl des Elektromotors in Abhängigkeit des Belastungszustands zwischen null und der Maximaldrehzahl verändert (Abb. 30). Die bei Ventil- und Verdrängersteuerungen noch hydraulisch realisierten Steuer-

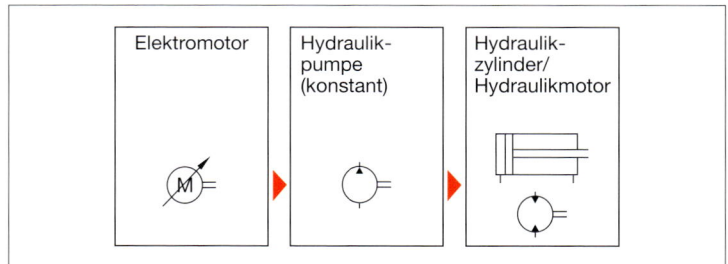

Abb. 30:
Grundprinzip einer
Bedarfsregelung

und Regelfunktionen werden bei der Bedarfsregelung vom Antriebsregler des Elektromotors übernommen. Wird außerhalb von Bearbeitungszeiten kein oder in Teillastbereichen ein geringerer Volumenstrom benötigt, wird die Drehzahl des Elektromotors über den Frequenzumrichter abgesenkt oder der Motor abgeschaltet. Damit sinken die Leistungsaufnahme, die hydraulische Verlustleistung und die Geräuschemission. Bei Pressenanwendungen kann der Elektromotor auch als Generator betrieben werden und Energie in das Netz rückspeisen.

Drehzahlvariable Pumpenantriebe

Wie in Abbildung 31 dargestellt, besteht der typische Aufbau eines drehzahlvariablen Pumpenantriebs (DvP) aus einem drehzahlvariab-

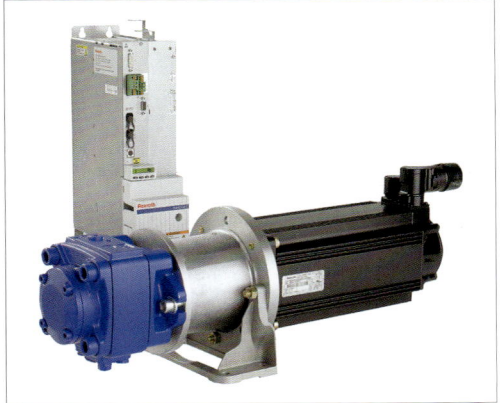

Abb. 31:
Prinzipieller Aufbau
eines drehzahlvaria-
blen Pumpenantriebs
(DvP)

len Synchron- oder Asynchronmotor und einer Konstantpumpe. Nur in Ausnahmefällen werden Verstellpumpen eingesetzt.

Im Vergleich zu konventionellen Hydraulikaggregaten mit Konstantpumpen haben Hydrauliksysteme mit drehzahlvariablen Pumpen folgende Vorteile:

Vorteile drehzahlvariabler Pumpenantriebe

- geringere Geräuschemission (signifikanter Einfluss der Drehzahl auf die Geräuschentwicklung)
- Reduzierung der installierten Leistung
- Entfallen zusätzlicher Ölkühler und dadurch geringere Abmessungen
- Inbetriebnahme analog zu elektromechanischen Antrieben
- Wirkungsgradverbesserung durch:
  – Vermeidung von Leerlaufverlusten (Motor schaltet bei Nullvolumenstrom ab)
  – wenig Drosselverluste an Ventilsteuerkanten
  – verbesserter Wärmehaushalt durch weniger Ölerhitzung
- besserer Wirkungsgrad im Teillastbereich bei Verwendung von Standard-Asynchronmotoren.

Lösungen aus Standardkomponenten

Diese Vorteile werden oft mit Lösungen erzielt, die aus Standardkomponenten bestehen. Es ist zu erwarten, dass das vorhandene Verbesserungspotenzial in Zukunft weiter ausgeschöpft werden kann. Mögliche Maßnahmen sind eine Optimierung der Einzelbauteile hinsichtlich der Kosten und Funktion sowie eine Systemoptimierung. Im Rahmen der Systemoptimierung wird es zu einer höheren Funktionsintegration (Entfallen der Kupplung, Geber und Pumpenträger), zu einer Integration der Elektronik und zu einer erhöhten Stelldynamik kommen.

	Kunststoff-spritzmaschine (Schließkraft 1000 kN)	**Abkantpresse** (Presskraft 1350 kN)	**Drehmaschine** (Leistung 5,5 kW)
Energie-einsparung	50 %	44 %	40 %
Geräusch-reduzierung	20 %	Nicht untersucht	29 %

Tab. 4: Energieeinsparung – Praxiswerte verschiedener Maschinentypen

Tabelle 4 zeigt, welche Energieeinsparungen und Geräuschreduzierungen im Vergleich zur Verdrängersteuerung bei verschiedenen Maschinentypen in der Praxis erzielt wurden. Die erreichbaren Energieeinsparungen hängen vom Maschinenzyklus ab.

Anwendungsbeispiele mit drehzahlvariablem Pumpenantrieb

Zwei wesentliche Anwendungsfelder

Aus den Praxisanforderungen bezüglich Energieeffizienz, Geräuschminimierung und Dynamik haben sich für drehzahlvariable Pumpenantriebe zwei wesentliche Anwendungsfelder ergeben: die Drehzahlverstellung und das dynamische Regeln (Tab. 5). Zwei Praxisbeispiele aus dem Bereich des dynamischen Regelns werden nachfolgend kurz beschrieben.

	Drehzahlverstellung durch DvP	Dynamisches Regeln durch DvP
Anwendung	Spanende Werkzeugmaschinen	Kunststoffmaschinen Pressen
Typischer Leistungsbereich	1–15 kW	11–75 kW
Pumpenbauart	Innenzahnradpumpen Außenzahnradpumpen 	Innenzahnradpumpen Axialkolbenpumpen
Elektromotor	Dreiphasen-Standardasynchronmotor 	Dreiphasen-Synchronservomotor
Frequenzumrichter	Standardfrequenz-umrichter 	Servoumrichter
Eigenschaften	Niedriger Preis Robustes Design	Hohe Dynamik Hoher Wirkungsgrad Geringes Trägheitsmoment Hohe Leistungsdichte

Abkantpresse

Die in Abbildung 32 gezeigte hydraulische Abkantpresse erzeugt eine maximale Press-kraft von 1350 Kilonewton. Sie verfügt über einen Eilgang abwärts von 160 bis 210 Millimeter pro Sekunde, eine Pressgeschwindigkeit von 10 Millimeter pro Sekunde und eine Rück-zugsgeschwindigkeit von 120 bis 210 Millimeter pro Sekunde. Die Positionsregelung erfolgt

Tab. 5:
Typische Anwen-dungsfelder dreh-zahlvariabler Pum-penantriebe

Abb. 32:
Abkantpresse

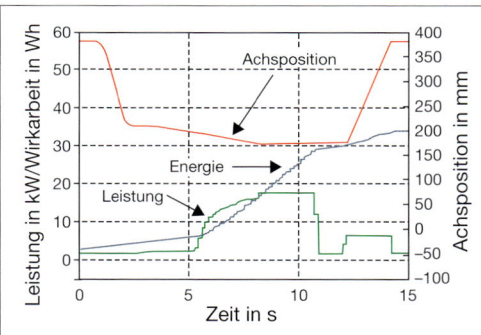

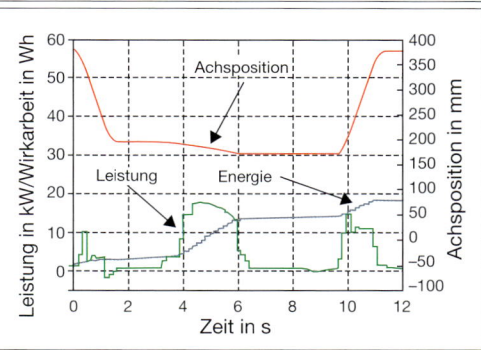

Abb. 33:
Messungen zum
Energieverlauf im
Biegezyklus an einer
Abkantpresse: kon-
ventioneller (oben)
und drehzahlvariab-
ler Antrieb (unten)

im geschlossenen Hydraulikkreislauf mit einer Positioniergenauigkeit von einem Hundertstelmillimeter.

Abbildung 33 zeigt den Biegezyklus dieser Abkantpresse bei einer Blechstärke von acht Millimetern, einer Biegelänge von 1500 Millimetern, einer Presskraft von 1300 Kilonewton und einer Verweildauer in der Endposition von rund zwei Sekunden. Bei einem konventionellen Hydraulikantrieb mit einer Flügelzellen-Konstantpumpe ergibt sich ein Energieverbrauch von 0,034 Kilowattstunden pro Biegezyklus bei einer maximalen Leistung von 17,6 Kilowatt. Der Energieverbrauch sinkt durch den Einsatz einer drehzahlgeregelten Pumpe auf 0,019 Kilowattstunden pro Biegezyklus bei einer maximalen Leistung von 18,1 Kilowatt. Damit ergibt sich eine Energieeinsparung von 44 Prozent.

Energieeinsparung in der Praxis

Kunststoffspritzgießmaschine

Abbildung 34 zeigt einen Spritzgießautomat mit einer Schließkraft von 35 Tonnen und einer Trockenlaufzeit von 1,58 Sekunden. Durch

Abb. 34:
Spritzgießautomat

den Ersatz der Verdrängersteuerung mit Standardasynchronmotor durch einen drehzahlvariablen Pumpenantrieb, bestehend aus einem Synchronservomotor mit spaltkompensierter Innenzahnradpumpe, verringert sich der Energieverbrauch der Maschine pro Zyklus von 2,6 Kilowattstunden auf 1,65 Kilowattstunden und damit auf 63 Prozent des ursprünglichen Wertes – und dies bei höherer Wiederholgenauigkeit und Verbesserung der Trockenlaufzeit um drei Prozent.

Motorabschaltung

Wird keine Pumpenleistung benötigt, schaltet der Synchronservomotor ab und verbraucht keinerlei elektrische Energie. Wegen des guten Ansprechverhaltens und der geringen Trägheit des Elektromotors erfolgt der Wiederanlauf verzögerungsfrei und hochdynamisch.

Zusammenfassung

Die skizzierten Praxisbeispiele zeigen die Möglichkeiten der Energieeinsparung im Bereich der hybriden elektrohydraulischen Antriebstechnik auf. Tabelle 6 fasst zusammen, welche Stellhebel zur Energieeinsparung jeweils zur Anwendung kamen.

Tab. 6:
Praktische Anwendung der vier Stellhebel zur Energieeinsparung

Anwendungs-beispiel	Stellhebel zu Energieeinsparung			
	Efficient Components	Energy Recovery	Energy on Demand	Energy System Design
Abkantpresse	x	x	x	
Kunststoffspritz-gießmaschine	x	x	x	

Steuerungstechnik

Nicht nur über die Antriebstechnik, sondern auch über die Steuerung lässt sich der Energieverbrauch einer Maschine oder Anlage in erheblichem Maße beeinflussen. Intelligente Steuerungstechnik kann deshalb wesentlich zur Energieeffizienz beitragen. Um dies zu ermöglichen, sind allerdings Funktionserweiterungen der Steuerung erforderlich. So kann eine konventionelle Steuerung nicht den auf ein einzelnes hergestelltes Teil oder den auf einen einzelnen Bearbeitungsschritt bezogenen Energiebedarf der Maschine oder auch einzelner Maschinenkomponenten ermitteln. Dazu sind aufwändige Messungen und Auswertungen erforderlich. Darüber hinaus verfügen herkömmliche Steuerungen meist nur über eingeschränkte Möglichkeiten, den Energiebedarf einzelner Komponenten gezielt zu beeinflussen, indem sie diese Komponenten beispielsweise zeitweise in einen Energiesparmodus versetzen oder indem sie deren Leistung reduzieren.

Intelligente Steuerungstechnik

Die Notwendigkeit eines effizienten Energieeinsatzes führt zu folgenden Anforderungen an die Steuerungstechnik:

Anforderungen

- Detaillierte Informationen über den Energieverbrauch einzelner Komponenten können von der Steuerung ermittelt und ausgegeben werden.
- Die Steuerung kann einzelne Komponenten differenziert ansteuern.
- Die verfügbaren Verbrauchsinformationen und Ansteuermöglichkeiten werden zur Reduzierung des Energie- und Materialverbrauchs verwendet.

In Zukunft ist zu erwarten, dass die Steuerung die Fertigungskosten zum Beispiel pro Werkstück ermitteln kann und dass sie darüber hinaus Prozessoptimierungen vorschlägt oder diese sogar selbsttätig durchführt. Wichtige Regelgrößen hierfür sind neben dem optimierten Energie- und Materialverbrauch:

- die gewünschte oder auch benötigte Ausbringung (ist die Maschine voll oder nur teilweise ausgelastet)
- Qualitätsindikatoren wie beispielsweise die Genauigkeit.

Die Steuerungskomponenten selbst, das heißt die Steuerung (CNC, SPS, Motion Control), die Ein- und Ausgangsmodule (E/A-Module) und die Benutzerschnittstelle (Human Machine Interface) haben in der Regel nur einen geringen Anteil am Gesamtenergieverbrauch einer Maschine. Den Hauptanteil verbuchen die Antriebe und die Hilfsbeziehungsweise Nebenaggregate (Abb. 35).

Energieeffizienz von Steuerungskomponenten

In gleicher Weise wie bei der PC-Technik werden bei den Steuerungskomponenten Maßnahmen zur Reduzierung des Energiebedarfs umgesetzt (Stellhebel: Efficient Components). Beispiele dafür sind:

- energiesparende Prozessoren (häufig entfallen zugleich die Lüfter)
- Ersatz von Festplatten durch unbewegliche Speichermedien
- Helligkeitssteuerung der Displays, Hintergrundbeleuchtung mit Leuchtdioden und Bildschirmschoner
- Verwendung von Leuchtdioden statt Leuchtstoffröhren oder Glühlampen für die Beleuchtung und Anzeigen.

Abb. 35 (gegenüber): Energiebedarf einer Drehmaschine in Betriebsbereitschaft; die Antriebe sind startbereit und die meisten Nebenaggregate sind eingeschaltet.

Im Folgenden liegt der Fokus auf steuerungstechnischen Maßnahmen zur Minimierung des Energieverbrauchs einer Maschine oder Anlage. Dabei wird zwischen einer bedarfsgerechten Steuerung der Nebenaggregate und einem energieoptimierten Prozess- und Bewegungsablauf unterschieden.

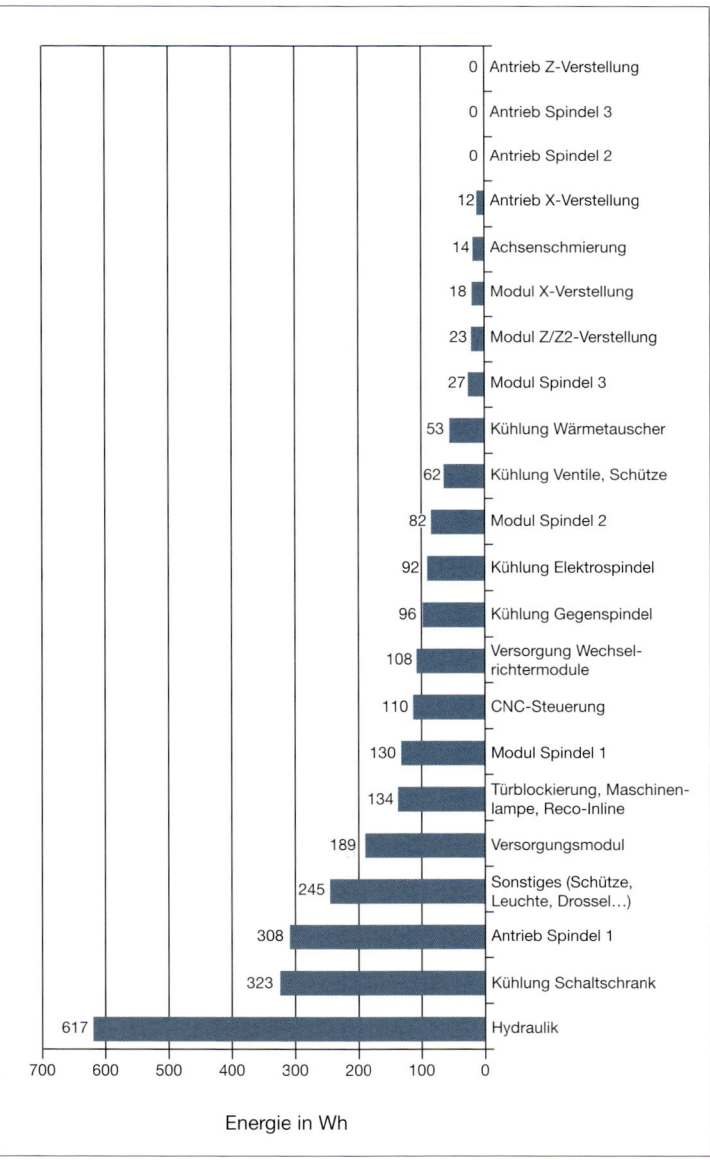

Energie in Wh

Bedarfsgerechte Steuerung der Nebenaggregate

Untersuchungen an Produktionsmaschinen haben gezeigt, dass der Anwender durch konsequentes Abschalten nicht benötigter Maschinen bereits bis zu 30 Prozent der Energiekosten einspart. Eine weitere Reduzierung in ähnlicher Größenordnung lässt sich erzielen, indem Nebenaggregate nur dann aktiv sind, wenn sie prozessbedingt auch benötigt werden (Stellhebel: Energy on Demand). Bislang werden Nebenaggregate noch überwiegend permanent mit dem Hauptschalter der Maschine eingeschaltet.

Maßnahmen bei der Projektierung

Bedarfsgerechte Dimensionierung

Wie bei der Antriebstechnik ist auch bei den Nebenaggregaten auf eine bedarfsgerechte Dimensionierung zu achten. Über die Maschinenlebensdauer betrachtet, verursacht eine Überdimensionierung meist erhebliche Mehrkosten. Lässt sich ferner die Leistung der Aggregate an die aktuellen Erfordernisse des Prozesses anpassen, wird zusätzliches Einsparpotenzial erschlossen. Dazu sollten diese über eine entsprechende »Eigenintelligenz« verfügen oder sich von der Maschinen-SPS aus bedarfsgerecht ansteuern lassen.

Energiesparmodi

Nebenaggregate unterstützen neben dem ein- und ausgeschalteten Zustand zunehmend auch einen oder mehrere Energiesparmodi (z. B. Stand-by-Modus, oder Sleep-Modus). Ein Energiesparmodus ermöglicht ein schnelleres Wiederanfahren als der ausgeschaltete Zustand. Der Energiebedarf ist dabei deutlich geringer als im Betriebszustand.

Die Energiesparmodi werden meist über ein Kommunikationsnetzwerk wie zum Beispiel SERCOS III oder ProfiNet aktiviert beziehungsweise deaktiviert. Für diese Feldbusse wurde dazu ein Energiesparprofil definiert.

Hilfreich ist in diesem Zusammenhang auch, wenn die Steuerung über das Kommunikationsnetzwerk Informationen über die Ein- und Ausschaltzeiten, die Verbräuche etc. aus den Geräten auslesen kann.

Ein intelligentes Nebenaggregat ist die im Kapitel *Drehzahlvariable Pumpenantriebe*, Seite 46 ff., beschriebene drehzahlvariable Hydraulikpumpe. Ein Beispiel für ein über eine SPS angesteuertes Nebenaggregat ist die Absaugvorrichtung, die bei Zufuhr von Minimalmengenschmiermittel eingeschaltet und zeitverzögert nach dem Abschalten der Schmiermittelzufuhr wieder ausgeschaltet wird.

Maßnahmen bei der Inbetriebnahme

Wie die Antriebe benötigen auch die meisten Nebenaggregate nach dem Einschalten eine Hochfahrzeit, bevor sie zur Verfügung stehen. Für das bedarfsgerechte Zu- und Abschalten von Nebenaggregaten müssen deshalb folgende Daten bekannt sein:

Bedarfsgerechtes Zu- und Abschalten

- der Zeitpunkt und die Dauer des Bedarfs der einzelnen Nebenaggregate
- die Hochlaufzeit der Nebenaggregate
- die Zu- und Abschaltreihenfolge bei voneinander abhängigen Nebenaggregaten.

Werden diese Informationen nicht berücksichtigt, ergeben sich unnötige Wartezeiten im Produktionsablauf. Wenn darüber hinaus eine Mengendosierung erfolgt, zum Beispiel von Kühlschmiermittel, wird zusätzlich die Information über den prozess- oder auch betriebspunktabhängigen Bedarf benötigt.

Die Zu- oder Abschaltung kann als Grundfunktion in der Steuerung realisiert sein, beispielsweise über einen Timer für Pausen oder als betriebsartabhängige Aktivierung. Nebenaggregate von Werkzeugmaschinen können meist direkt aus dem NC-Programm heraus angesteuert werden, zum Beispiel bei der Bereitstellung von Kühlschmiermittel und Druckluft oder beim Abtransport von Spänen.

Maßnahmen während des Betriebs der Maschine

**Zustands-
überwachung**

Durch regelmäßige Kontrolle des Verbrauchs der einzelnen Komponenten werden frühzeitig Verschleißzustände oder auch Fehlfunktionen aufgedeckt, die sich negativ auf den Energiebedarf auswirken. Solche Überprüfungen sind im Allgemeinen Bestandteil einer Maschinenzustandsüberwachung, die inzwischen zunehmend über große Entfernungen per Modem oder über das Internet erfolgt (Remote Condition Monitoring).

Energieoptimierte Prozess- und Bewegungssteuerung

Prozesssteuerung

**Prozesspara-
meter und Pro-
zessregelung**

Um einen Prozessablauf zu optimieren, müssen alle Prozessparameter geeignet gewählt werden. So sind zum Beispiel bei zerspanenden Werkzeugmaschinen die Bearbeitungswerkzeuge und die Schnittwerte aufeinander abzustimmen. Ergänzend lassen sich bei vielen Fertigungs- beziehungsweise Bearbeitungsprozessen Energie- und Materialeinsparungen durch verbesserte Reglereinstellungen, Regelalgorithmen oder auch Kompensationsverfahren in der Steuerung erzielen (Stellhebel: Energy System Design). Die Prozessregelung ist ein sehr weites Themenfeld, das an dieser Stelle nur mittels zweier Beispiele angerissen werden soll.

**Druck-
maschinen**

Bei modernen Druckmaschinen kann mit Hilfe optimierter Registerregler der Ausschuss während des Anfahrens und Abbremsens, die so genannte Makulatur, reduziert werden. Darüber hinaus wird die Hochlaufzeit erheblich verkürzt.

Bei hochgenauen Werkzeugmaschinen lassen sich temperaturabhängige Maschinenverformungen durch in der Steuerung berechnete additive Korrektursollwerte kompensieren. Zum Teil kann damit auf längere Maschinenaufwärmphasen oder auch eine energieintensive Maschinentemperierung verzichtet werden.

Werkzeugmaschinen

Die Steuerung benötigt für solche Prozessregelungen eine entsprechende Rechenleistung sowie schnellen Zugriff auf die erforderlichen Stellgrößen und die Istwerte aus dem Prozess. Istwerte, die messtechnisch nicht verfügbar sind, werden teilweise mit Hilfe von Modellen in der Steuerung berechnet.

Bewegungssteuerung

Bei weitgehend mit konstanter Geschwindigkeit beziehungsweise Drehzahl eingesetzten Antrieben hat eine Steuerung wenig Einfluss auf den Energiebedarf. Dies ändert sich, wenn prozess- oder bearbeitungsbedingt häufig Beschleunigungs- und Abbremsvorgänge erforderlich sind. Ein Teil der zum Beschleunigen eingesetzten Energie kann bei Antrieben mit Energierückspeisung beim Abbremsen wieder zurückgewonnen werden. Der Rest sind jedoch Energieverluste, die in Wärme umgewandelt werden. Für elektrische Antriebe gilt näherungsweise ein linearer Zusammenhang zwischen dem drehmomentbildenden Strom und dem Motormoment oder auch der Beschleunigung und ein quadratischer Zusammenhang zwischen dem Strom und der Verlustleistung (i^2R). Nicht erforderliche Beschleunigungs- und Abbremsvorgänge und nicht angepasste, das heißt zu hohe Beschleunigungswerte stellen deshalb »Energiesünden« dar. Dabei ist zu berücksichtigen, dass auch zwischen der Geschwindigkeit und der kinetischen Energie einer bewegten Masse ein qua-

Optimierung des Bewegungsprofils

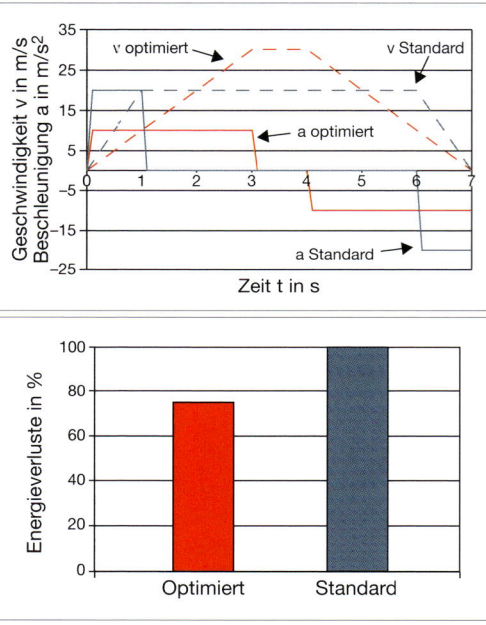

Abb. 36:
Eine um 50 %
reduzierte Beschleu-
nigung und dafür
höhere Geschwindig-
keit reduziert die
i^2R-Verluste um
25 %; dabei ist die
kinetische Energie
bei maximaler
Geschwindigkeit um
125 % höher.

dratischer Zusammenhang besteht. In erster Näherung ist die vierfache Energie erforderlich, um auf die doppelte Geschwindigkeit zu beschleunigen. Diese Energie kann jedoch durch Rückspeisung weitgehend »wiedergewonnen« werden. Durch eine entsprechende Optimierung der Bewegungssteuerung lässt sich somit Energie einsparen (Abb. 36). Dies lässt sich anhand folgender drei Anwendungsbeispiele belegen.

Durch das Vermeiden unnötiger Start-Stopp-Bewegungen und das Parallelisieren von Abläufen konnte die Zykluszeit einer Produktionsmaschine um ca. 15 Prozent und die auf ein Teil bezogenen Energiekosten um fast 20 Prozent reduziert werden. In Abbildung 37 ist dazu eine mittels Splineinterpolation vorgegebene Bewegung des Werkzeugwechslers dar-

Werkzeug-
wechsler

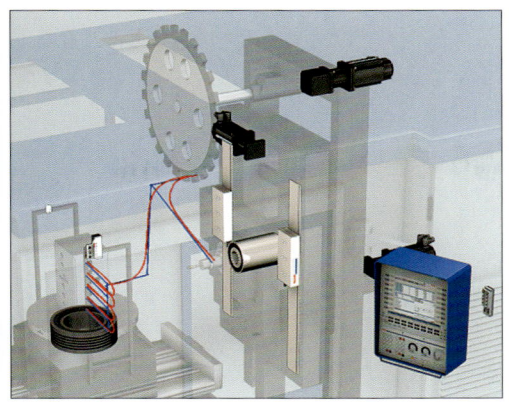

Abb. 37: Werkzeugwechsel an einem Bearbeitungszentrum sowie Bohrbewegungen mit G0/ G1-Befehlen (blaue Kurven) sowie mittels Splines (rote Bewegungskurve)

gestellt, die üblicherweise mit Punkt-zu-Punkt-Bewegungen und Zwischenstopps ausgeführt wird (G0 Befehle).

Die folgenden beiden Anwendungsbeispiele zeigen Möglichkeiten zur Energieeinsparung durch eine Optimierung des Beschleunigungsverlaufs.

Zerspanende Werkzeugmaschine

Bei einer zerspanenden Werkzeugmaschine muss die Spindel nach einem Werkzeugwechsel wieder auf ihre Solldrehzahl beschleunigt und das Werkzeug oder auch Werkstück an die Bearbeitungsposition verfahren werden. Bei dem zeitlich schnelleren der beiden Vorgänge kann die Beschleunigung reduziert werden, ohne dass sich dadurch die Taktzeit verlängert.

Fliegende Säge und Querschneider

Fliegende Sägen und Querschneider sind Anwendungen, bei denen von Band- oder Stangenmaterial Stücke mit definierter Länge im kontinuierlichen Betrieb abgetrennt werden. Während des Schneidvorgangs bewegt sich das Schneidwerkzeug mit Materialgeschwindigkeit. In der Zeit dazwischen fährt die fliegende Säge wieder zurück auf ihre Startposition und beschleunigt rechtzeitig vor dem nächsten Schnitt wieder auf die Materialgeschwindigkeit. Die Rückfahrbewegung sollte

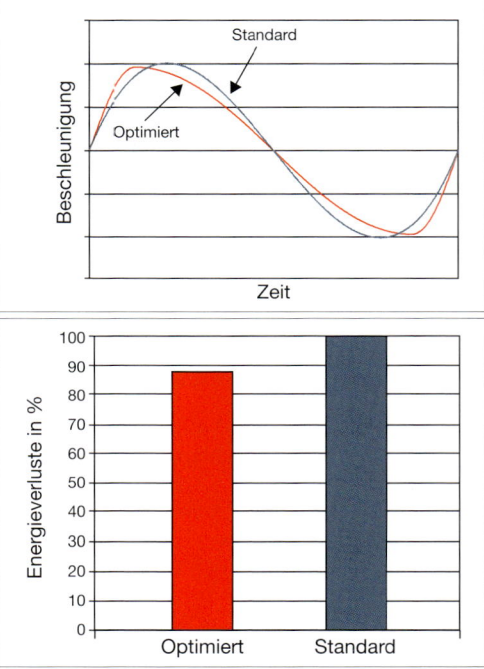

nicht »so schnell wie möglich« ausgeführt, sondern an die verfügbare Zeit angepasst werden, die von der Länge des abzutrennenden Materials abhängt. Der Querschneider dreht sich »nur« im Kreis, muss aber zwischen zwei Schnitten seinen Geschwindigkeitsverlauf entsprechend der gewünschten Materiallänge anpassen. Abbildung 38 zeigt, wie der Beschleunigungsverlauf dieser Ausgleichsbewegung die Energieverluste (i^2R) beeinflusst.

Berücksichtigung der Nebenaggregate
Eine Optimierung des Bewegungsprofils unter dem Gesichtspunkt des Energiebedarfs der Antriebe darf nicht isoliert vom Energiebedarf der Nebenaggregate erfolgen. Eine dadurch bedingte längere Einschaltdauer von Nebenaggregaten ist in der Energiebilanz zu berück-

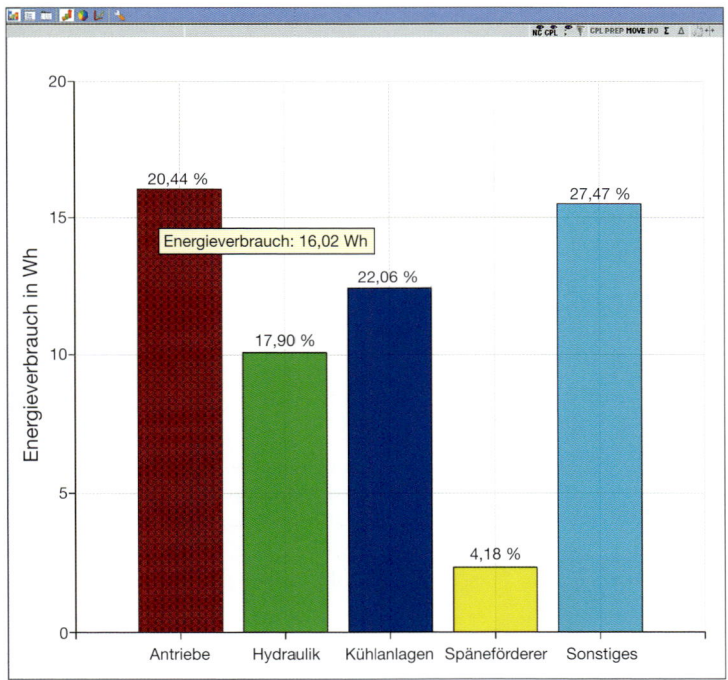

sichtigen. Abbildung 39 zeigt dazu beispielhaft den Energieverbrauch für ein Drehteil. Für die Antriebe werden 16 Wattstunden und für die sonstigen Verbraucher 40 Wattstunden benötigt. Mit einem auf 70 Prozent reduzierten Override können bei den Antrieben 0,5 Wattstunden eingespart werden. Aufgrund der längeren Taktzeit erhöht sich jedoch der Energiebedarf der übrigen Verbraucher um 17 Wattstunden.

Weitere Einsparmöglichkeiten ergeben sich, wenn die Beschleunigungs- und Bremsvorgänge mehrerer Antriebe so aufeinander abgestimmt werden, dass Lastspitzen vermieden und die beim Bremsen rückgespeiste Energie durch Zwischenkreiskopplung von anderen

Antrieben genutzt wird. Dabei ist zu beachten, dass sich der Energietarif im Allgemeinen mit höherer Spitzenleistung verteuert. Als Beispiel sei die in Abbildung 27, Seite 41, gezeigte Thermoformmaschine genannt, deren zwei Press- und Stanzeinheiten aus den oben angeführten Gründen zeitversetzt arbeiten.

Zusätzliche Vorteile

Neben Energieeinsparungen bewirken reduzierte Beschleunigungswerte und eine geringere Anzahl von Brems- und Beschleunigungsvorgängen auch eine längere Lebensdauer der Maschinenmechanik und einen geringeren Lärmpegel.

Monitoring

Abb. 40:
Beispiel eines
Energiemonitors

Moderne Steuerungssysteme erlauben es dem Anwender, den Energieverbrauch und den aktuellen Leistungsbedarf einer Maschine oder Anlage oder auch einzelner Komponenten graphisch darzustellen. Teilweise können

die dazu erforderlichen Werte direkt aus den Antrieben oder Nebenaggregaten ausgelesen werden. Häufig müssen jedoch zusätzliche Energiemesseinrichtungen eingesetzt und durch die Steuerung ausgewertet werden. Teilweise kann der Energieverbrauch eines Aggregats auch aus dem bekannten Leistungsbedarf und der sich aus der Einschalt- und Ausschaltzeit ergebenden Einschaltdauer in der Steuerung berechnet werden. In diesem Fall ist jedoch die in *Maßnahmen während des Betriebs der Maschine*, Seite 58, erläuterte zusätzliche Diagnoseinformation nicht verfügbar.

Abbildung 40 zeigt beispielhaft einen Energiemonitor. Hellgrün dargestellt ist der Verbrauch der Antriebe, dunkelgrün der Verbrauch der Nebenaggregate und blau die gewählte Dauer der Messung. Bei Bedarf kann diese Messung nur für ausgewählte Antriebe oder auch Nebenaggregate erfolgen.

Energieverbrauch …

Abb. 41:
Beispiel eines
Leistungsmonitors

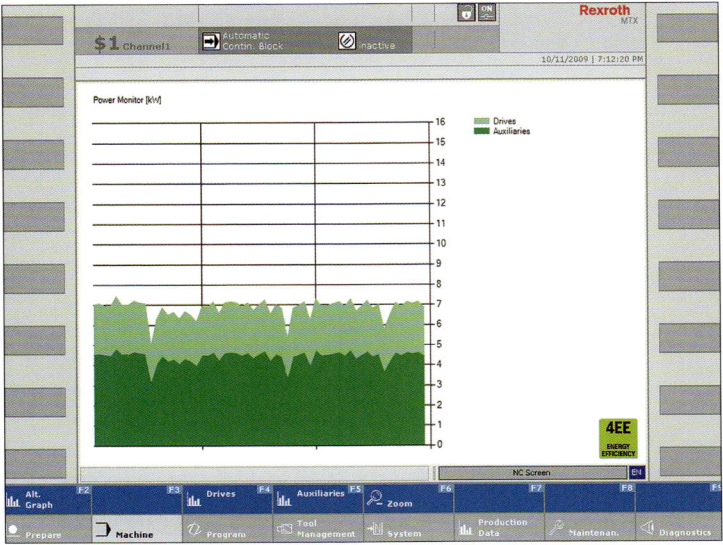

… und Leistungsbedarf

Abbildung 41 zeigt einen Leistungsmonitor. Bei diesem Beispiel kann der aktuelle Leistungsbedarf wahlweise durch in der Höhe veränderliche Balken oder in Form eines von links nach rechts durchlaufenden Bands dargestellt werden, dessen Höhe am rechten Rand den aktuellen Energiebedarf wiedergibt. Der Leistungsbedarf der Antriebe ist hellgrün und der Bedarf der Nebenaggregate dunkelgrün eingefärbt.

Taktzeit- und Energieanalyse

Das Ziel der Optimierung einer Anlage ist in der Regel die Erhöhung der Produktivität bei möglichst effizienter Auslegung aller Prozesse. Die wichtigste Kenngröße ist dabei die Taktzeit oder auch die Maschinenausbringung. Aufgrund des erhöhten Umweltbewusstseins und der stark gestiegenen Energiepreise dürfen jedoch heutzutage die Verbrauchswerte nicht mehr vernachlässigt werden. Bei der Taktzeit- und Energieanalyse werden die relevanten Daten, soweit verfügbar, möglichst in Echtzeit und in Bezug zum Steuerungsprogramm aufgezeichnet. Dies umfasst unter anderem:

Datenbasis

- den aktuellen Bearbeitungsschritt oder die Betriebsart
- Achspositionen, Achsgeschwindigkeiten und Achsbeschleunigungen
- die aktuelle Leistung und den Energiebedarf von Antrieben und Nebenaggregaten
- Verbräuche, z. B. von Pressluft, Hydrauliköl
- Schaltzustände ausgewählter E/A-Module.

Entscheidend für die Auswertung ist, dass die ermittelten Daten für die jeweilige Betrachtung geeignet dargestellt werden können. Diagrammdarstellungen, Kalkulationstabellen oder auch Analysen von Steuerungsinformationen (NC-Sätze) ermöglichen dem Anwender einen

Abb. 42 (gegenüber): Taktzeit- und Energieanalysetool: Oszilloskop- und NC-Satzanzeige (oben), Leistung in Oszilloskopdarstellung und Energieverbrauch als Balkendiagramm (unten)

Rexroth
MTX
Einzel schritt
Einzel-satz
Progr.-satz
Folge-satz
Satz ausbl.
Wahlw. Halt
DryRun Optionen
Abgleich Optionen
$1 Kanal1
Automatik Folgesatz
bereit
15.09.2009 | 15:23:08
MTX cta
Datei Bearbeiten Ansicht Projekt Oszilloskop Diagnose Extras Fenster Hilfe
Oszilloskop
cta-11.09.2009-07h42
Comm. phys. axis pos. (X1) [mm]
Satzanzeige
[Ch1] cta-11.09.2009-07h42
G01 G90 X10 Y10 Z10 F5000 M
X100 Y100 Z100 M203 S2=150
X50 Y50 Z50 M104
X100 Y100 Z100 M204
G01 X0 Y0 Z0 M105 M205
30 IF N=0 THEN
50 ELSE
55 N=N-1
60 GOTO .START
Eilgang 0%
Eilgang Poti
Eilgang 100%
Vorbereiten
Maschine
Programm
Werkzeug-verwaltung
Anlage
Produktions-daten
Wartung
Diagnose

MTX cta
MTX cta Projektexplorer
Energy Analyzer
Gesamtverbrauch 219 Wh
Leistung [Watt]
Zeit [s]
Energieverbrauch Übersicht
Energie [Watt]
Eigenschaften Diagramme
Alle VB auswählen
Alle VB abwählen
Auswahl invertieren
Antriebe
X-Achse
Z-Achse
Z2-Achse
Hauptspindel S1
Gegenspindel S2
S3 Spindel
Nebenkomponente
Hydraulikaggregat
Wärmetauscher
Späneförderer
Kühlmittelpumpe Elektrospindel
Kühlmittelpumpe Gegenspindel
Kühlmittelpumpe für Werkzeuge
Allgemeine Infos
Verbraucherauswahl
Prozessauswahl
Sonstiges
MTX cta Steuerungsauswahl
zuklappen
aufklappen
Start

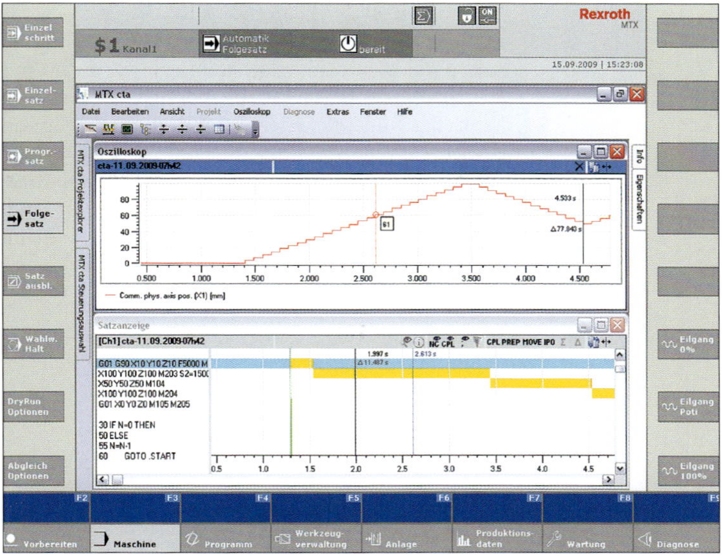

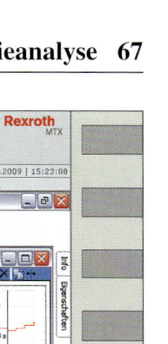

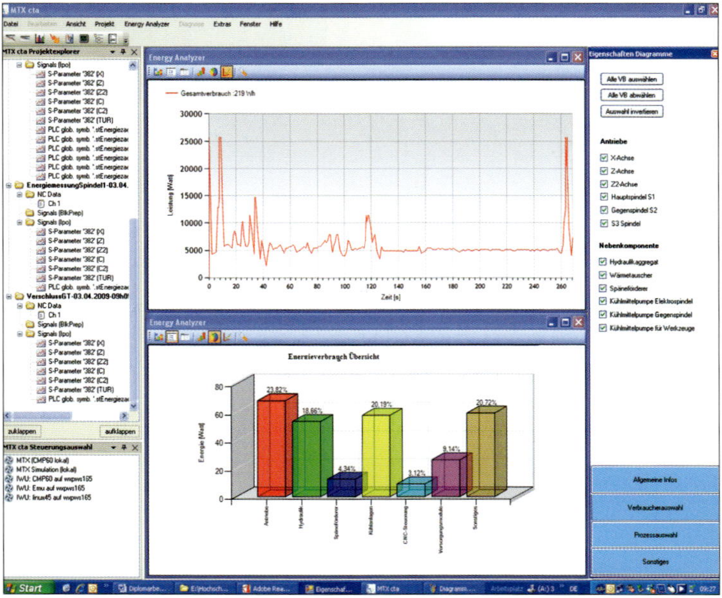

schnellen Überblick und helfen somit bei der Optimierung von Prozessabläufen. Ergänzt wird die graphische Darstellung um Zoom- und Vergleichsfunktionen. Abbildung 42 zeigt beispielhaft unterschiedliche Darstellungsformen eines Taktzeit- und Energieanalysetools.

Eine derartige Taktzeit- und Energieanalyse bietet folgende Möglichkeiten:

Möglichkeiten

- Zeitliches Gestalten und Parallelisieren von Teilprozessen
- Optimieren des Energieverbrauchs in Abhängigkeit von der Produktionsleistung, das heißt die Taktzahl nicht zu überschreiten, ab der der zusätzliche Leistungsbedarf beziehungsweise die erforderliche Spitzenleistung zu hoch wäre
- Ermitteln der optimalen Beschleunigung und Geschwindigkeit bei gegebener Strecke und Zeit.

Zusammenfassung und Ausblick

Nachhaltigkeit, also der sparsame Umgang mit Ressourcen, ist aktuell eine der großen Herausforderungen, denen sich Unternehmen aus dem Maschinen- und Anlagenbau stellen müssen. Aus diesem Grund stellt die Energieeffizienz nicht erst seit heute ein zentrales Entwicklungsziel dar. Höhere Energieeffizienz in industriellen Prozessen schont die Umwelt und senkt die Betriebskosten nachhaltig. Sie wird damit zunehmend zu einem Wettbewerbsfaktor.

Mit energieeffizienten Komponenten, der Rückspeisung und Zwischenspeicherung von Bremsenergie, dem bedarfsgerechten Energieeinsatz und dem Energiesystemdesign lassen sich vier Stellhebel zur Steigerung der Energieeffizienz von Maschinen oder Anlagen ausmachen. Zusammen bilden sie eine grundlegende Methodik zur signifikanten Energieeinsparung, die im gesamten Maschinenlebenszyklus von der Konzeptionsphase bis hin zu einer Modernisierung von bestehenden Anlagen angewendet werden kann.

Vier Stellhebel zur Energieeinsparung

Effiziente Komponenten, optimiertes Systemdesign und Softwaretools erschließen bei Produktionsmaschinen und -anlagen erhebliche Energiesparpotenziale. Mit der Entwicklung effizienter Komponenten, wie beispielsweise wirkungsgradverbesserter Pumpen und Motoren oder drehzahlgeregelter Pumpenantriebe, können Energieverbräuche um rund 15 Prozent gesenkt werden. Die Fokussierung auf energieeffizientere Komponenten allein eröffnet jedoch in der Fabrikautomation bei weitem nicht die vollen Potenziale. Weitaus größere Gewinne sind mit einem Ansatz zu erreichen, der das Gesamtsystem berücksichtigt. Hierbei werden effiziente Antriebskomponenten so miteinander verbunden, dass sich ein möglichst direkter Energiefluss ergibt. In einem derart optimierten System wird Energie bedarfsorientiert gewandelt, das heißt in der geringstmöglichen Menge exakt zum geforderten Zeitpunkt.

Die Steigerung der Energieeffizienz erfordert immer ein Bündel von Maßnahmen und unterschiedliche Betrachtungsweisen. Nur durch intelligente Verknüpfung verschiedener Maßnahmen lassen sich signifikante Einsparungen erzielen. Schwerpunkte dabei sind:

- der Einsatz energieeffizienter Antriebstechnik unter Berücksichtigung der optimalen Auslegung und eine mechatronische Gesamtbetrachtung
- der Einsatz unterstützender Softwarewerkzeuge, um den Ablauf taktzeit- und energieverbrauchsoptimiert zu programmieren.

Beurteilung der Wirtschaftlichkeit

Höhere Energieeffizienz senkt die Energiekosten. Dadurch amortisieren sich die möglicherweise höheren Investitionskosten innerhalb kurzer Zeit. Über den Maschinenlebenszyklus betrachtet lässt sich unter Umständen sogar ein Mehr an Investitionskosten schon bei der Konzeption vermeiden. Die Beurteilung der Wirtschaftlichkeit einer Maschine oder Anlage nach den Gesamtkosten über die Nutzungsdauer muss die Betrachtung der reinen Anschaffungskosten ersetzen.

Zukünftige Lösungen

Intelligente Antriebslösungen werden zukünftig immer mehr gefragt sein, um sämtliche Energieeinsparpotenziale zu heben. Die Optimierung hat schon heute einen hohen Grad erreicht. In Zukunft werden die vorhandenen technischen Möglichkeiten vor allem dazu genutzt werden, das intelligente Zusammenspiel aller Komponenten im Prozess weiter zu verbessern.

Der Partner dieses Buches

Bosch Rexroth Electric
Drives and Controls GmbH
Bürgermeister-Dr.-Nebel-Straße 2
97816 Lohr am Main
www.boschrexroth.com

Bosch Rexroth ist einer der weltweit führenden Spezialisten für Antriebs- und Steuerungstechnologien. Unter der Marke Rexroth entstehen maßgeschneiderte Lösungen zum Antreiben, Steuern und Bewegen. Bosch Rexroth ist Partner für die Anlagenausrüstung und Fabrikautomation, für mobile Arbeitsmaschinen sowie für die Nutzung regenerativer Energien. »The Drive & Control Company« überzeugt mehr als 500 000 Kunden mit hochwertigen elektrischen, hydraulischen, mechatronischen und pneumatischen Komponenten und Systemen. In über 80 Ländern hilft Bosch Rexroth als zuverlässiger Partner seiner Kunden effizientere und sicherere Maschinen zu bauen und trägt nachhaltig zum schonenden Umgang mit natürlichen Ressourcen bei.

Das technologieübergreifende Know-how ist die Grundlage für innovative Lösungen, die als separate Komponenten oder als komplette, kundenspezifische Anlagen zum Einsatz kommen. Weil Bosch Rexroth das komplette Spektrum an Antrieben und Steuerungen anbietet, werden die Kunden technologieneutral beraten und erhalten die für die Aufgabe am besten geeignete Lösung. Bosch Rexroth-Technologien werden in allen Industriezweigen eingesetzt. Als Systempartner, Dienstleister und Zulieferer verfügt Bosch Rexroth über Know-how in mehr als 30 Branchen. Umfangreiche Service- und Dienstleistungsangebote untermauern die führende Stellung des Unternehmens als Partner der Maschinen- und Anlagenbauer weltweit.